건축방재계획

- 건축구조물 방재계획의 사고와 결정방법 -

방재연구회 AFRI 편

정영배 역

기문당

Original Japanese edition
Kenchiku Bousai Keikaku no Kangaekata·Matomekata
Edited by Bousai Kenkyukai AFRI

Published by Ohmsha, Ltd.
This Korean Language edition co-published by Ohmsha, Ltd. and Kimoondang Publishing Co.

| 머리말

건축형태의 대규모화, 다양화, 다기능화 등의 변화와 더불어 새로운 공간, 새로운 구조, 새로운 재료 등이 속속 출현하고 있어 종전의 법령에 국한하여 계획하는 것만으로는 충분한 안전성의 확보가 곤란해지고 있다.

합리적인 안전성이 높은 건물을 계획하기 위한 제안은 건물의 라이프 사이클을 생각할 때 필요 불가피하게 되고 있다.

VE(Value Engineering), LCM(Life Cycle Management) 등을 생각해 방재계획을 수립하는 경우에는 단지 방화, 피난관련 법규를 엄수하는 것만으로는 충분한 안전성의 확보가 효과를 얻을 수 없다. 건축계획을 수립할 때에는 방재계획, 구조계획, 설비계획을 삼위일체로 검증하는 것으로서, 목표로 하는 효과가 나타나기 시작한다.

합리적, 기능적 그리고 안전성이 높은 건물을 제공하는 것은 건축기술자의 실무이기도 하다.

2000년에 건축기본법의 성능규정화, 2005년에는 소방법의 성능규정화, 나아가 건축기준법에 있어서 기존부적격 건축물의 권고, 시정명령제도가 시행되는 등 건물의 설계, 시공, 운용에 관계되는 사람들의 책임은 보다 무거워지고 있다.

이 책은 제1편은 '방재계획의 틀'로서, 방재라는 것을 어떻게 생각하고 어떤 방법으로 계획을 세우는가라고 하는 방재계획의 총론을 정리한 것이다.

제2편에서는 '방재계획의 수립방법'이라고 하는 건물용도별에 있어서,

구획개념, 피난개념 등의 방재계획의 설계 예를 두었다. 또 성능규정화에 있어서 피난안전점검과 내화성능점검의 실시 예와 계산 예도 정리하여 두었다.

방재계획의 기본적인 개념, 합리적인 방재계획의 개념, 알기 쉽지 않은 법령과 계획의 개념 등을 설계자의 실무입문서로서 정리하였다. 일상 업무에 있어서 좋은 참고서가 되면 좋겠다.

끝으로 이 책의 집필에 있어서 재단법인 일본건축센터 발행의 「신 · 건축방재계획지침」, 「2001년판 피난안전점검법의 해설 및 계산 예와 그 해설」, 「2001년판 내화성능검증법의 해설 및 계산 예와 그 해설」을 참조할 수 있게 된 점에 대해서 깊은 사의를 표하는 바이다.

中稲 秀男

| 역자 머리말

지난 40여 년간 이어져 온 비용과 시간만 고려한 경제성장 위주의 정책에서 사회적, 정책적 안전에 대한 소홀함은 많은 희생을 낳았다. 그리고 아직도 안전 불감으로 인한 사건사고는 적지 않게 발생한다. 이제 안전과 삶의 질을 향상시키는 인권을 우선하는 사회적 · 정책적 선도가 필요하다.

가깝게는 부산 실내사격장 화재사고(1991.11), 용산 철거현장 화재사건(2009.3)이 있었고, 그 밖에 대구지하철 방화사고(2003.2), 씨랜드 청소년수련원 화재사건(1999.6), 부산 대아호텔 화재사고(1984.1), 100여 명의 사상자를 낸 서울 시민회관(지금의 세종문화회관 자리) 화재사호텔 화재사고(1971.12), 그리고 163명이 사망한 대연각 호텔 화재사고(1971.12) 등이 있었다.

와우아파트 붕괴사고(1970.4), 삼풍백화점 붕괴사고(1995.6), 성수대교 추락사고(1994.10) 등은 경제성장의 상징이었던 건설경기 성장에 따른 안전불감증으로 인한 인재다.

또 서해 훼리호 침몰사고(1993.10), 극동호 유람선 화재사고(1987.6), 이리역 폭발사고(1977.11), 대구지하철 폭발사고(1995.4) 등은 사회적 안전 불감증이 곳곳에 내재되어 있음을 잘 보여주었다.

한편, 잇따라 건설되고 있는 초고층 주거용 건물에서 진화하는 안전기술은 다양하다. 바람, 지진, 화재 등에 대비한 자연재해로부터 안전을 확보하기 위한 다양한 시스템 적용은 일반아파트의 안전성과 별반 다름이 없을 정도로 발전하고 있다. 예를 들어, 대만 타이베이 101인 508m 빌딩에 있는 지름 6m의 황금색 원형 강철이나 인천 송도에 들어서는 주상복합단지 송도 더 샵 퍼스트 월드(최고 64층, 234m 높이) 꼭대기에는 무게 650톤의 U자형 물탱크가 설치되어 있다. 이는 인천 앞바다에서 불어오는 강풍이나 지진에 대비해 특수제작된 장치다. 이러한 장치는 초고층 건물의 안전성을 확보하는 데 있어서 중요하며, 건축방재계획에 있어 간과할 수 없는 자연재해에 대한 대안이 되고 있다. 이러한 점은 이제 국가경쟁력에 맞는 안전기술 강국이 되어야 한다는 것이다.

이 책은 건축구조적 방재계획의 틀에 대한 방재계획의 참고서로 건축방재계획에 대한 적절한 이해와 결정방법을 위한 정보를 제공하는 데 기여할 것으로 기대된다.

끝으로 이 책이 건축분야뿐만 아니라 타 분야에서도 활용되길 기대하면서 이 책의 출판을 위해 노력해 주신 기문당에 감사드린다.

2010년 6월

역자 정 영 배

목 차

제 2 편 | 건축방재계획의 수립방법

제1장 용도별 방재계획의 수립방법

제2장 특수한 방배연 시스템의 수립방법

제3장 피난안전과 내화성능의 검증

제 1 편

건축방재계획의 틀

제 1 장

건축방재와 성능규정화

1.1 방재 · 피난관련 규정의 변혁

건축기준법(이하, 법이라 칭한다) 제1조에는 「이 법률은 건축물의 부지, 구조, 설비 및 용도에 관한 최저의 기준을 정하고, 국민의 생명, 건강 및 재산의 보호를 도모하며, 공공복지의 증진을 가질 것을 목적으로 한다.」라고 되어 있다. 방화 · 피난에 관한 기술기준도 이 목적의 취지에 따른 것으로 되어 있다.

법 제정 당시의 방화 · 피난관련 규정은 내화구조의 규정, 지붕불연, 방화구획, 피난계단 등을 중심으로 한 것이지만, 건축기술의 진보, 건축물의 대형화 · 복합화라는 경향에 대응하는 것과 더불어 화재사례의 귀중한 교훈을 반영시킨 형태로 엄중한 개정을 해왔다. 표 1.1에 법 개정의 원인이 된 화재사례, 표 1.2에 법 개정의 내용을 나타낸다.

2000년에 건축기준법 대개정이 된 성능규정화에 관한 규제를 도입하였고 이어 2003년에는 소방법의 성능규정화도 시도하였다. 성능규정화로부터 방화 · 피난안전의 요구수준이 명확히 된 반면, 수치만으로 안전성을 평가하고 마는 위험을 내포하기 때문에 방재계획의 중요성이 보다 높아지고 있다. 더욱이 2005년에는 기존 부적합 건축물에 대한 권고 · 시정명령에 관한 규정이 창설, 시행되었다. 이것은 건축재생시대[1)]에 현행의 건축기준법을 만족

1) 건축재생시대 : scrap and build와 반대되는 개념으로 노후화된 건물을 건축주로부터 양도, 매매, 개조하여 건물 구성요소 중에서 내용연한, 시대성, 생활양식의 변화에 따라 새롭게 갱생하여 내구성을 길게 유지시키는 시대

하지 않은 낡은 건축물에 대해 적절한 개수 및 유지보전 등을 진행하기 위하여 규제를 강화시킨 것이다. 기존 부적격의 내용에는 배연설비 및 피난시설 등의 방화 · 피난관련 규정이 많이 포함되어 있다.

방재대책은 안전성, 합리성, 효율성 등을 종합적으로 생각하지 않으면 안 되는 시대가 되고 있다.

표 1.1 법 개정의 원인이 된 화재사례

년	화재장소	피해상황
1958년	도쿄도 치요다구 도쿄 다카라즈카 극장	• 발화원인 : 뮤지컬 공연중 스테이지상의 화기정리 미흡 • 확대원인 : 군집 패닉/피난통로 복잡 • 피해상황 : 사망자 3명/부상자 25명 소실면적 3,720㎡
1966년	가나가와현 가와사키시 가나이빌딩	• 발화원인 : 카바레 여자종업원 대기실의 화기정리 미흡 • 확대원인 : 초기대응 실패, 종혈구획[2] 없음 • 피해상황 : 소실면적 690㎡
	군마현 도네군 미나가미 온천 기쿠후지 호텔	• 발화원인 : 경비원실 석유스토브 넘어짐 • 확대원인 : 계단이 개방상태, 내장가연, 초기대응 실패 • 피해상황 : 사망자 30명/부상자 28명 소실면적 2,640㎡
1968년	효고현 고베시 아리마온천 이케노보오 만게츠죠오	• 발화원인 : 불명 • 확대원인 : 자동화재경보설비 미설치, 초기대응 실패 • 피해상황 : 사망자 30명/부상자 44명 소실면적 6,950㎡
1969년	후쿠시마현 고오리야 마시 반코오 호텔	• 발화원인 : 연회장 대기실의 쇼 도구정리 미흡 • 확대원인 : 군중 패닉, 피난구 열쇠 잠김, 내장 가연, 초기대응 실패 • 피해상황 : 사망자 30명/부상자 41명 소실면적 15,500㎡
1972년	오사카부 오사카시 센니치 데파트	• 발화원인 : 개장공사중인 관계자의 화기정리 미흡 • 확대원인 : 종혈구획의 부재, 군중패닉, 초기대응 실패 • 피해상황 : 사망자 118명/부상자 81명 소실면적 8,760㎡
2001년	도쿄도 신주쿠구 가부키쵸오 잡거 빌딩	• 발화원인 : 방화(放火) • 확대원인 : 계단실 내에 물품방치, 계단실 문 작동 안 됨, 자동화재경보설비 작동 안 됨, 배연구 불작동, 종업원 훈련 없었음. • 피해상황 : 사망자 44명/부상자 3명 소실면적 160㎡

2) 화재시 불길 및 연기가 종적으로 쉽게 이동하는 것을 막아주는 설계

표 1.2 방화·피난관련 규정의 주요 개정내용

년	개 정 내 용
1919년	시가지 건축물법 제정
1950년	건축기준법 제정
1959년	내장제한 규정 창설 지하가 규정 창설
1961년	특수건축물의 범위에 카바레 등이 추가 내장제한에 카바레 등이 추가
1964년	방화구획의 고층구획이 추가 특별피난계단의 설치대상이 15층 이상으로 확대 내장제한 대상이 높이 31m 이상으로 확대
1969년	방화구획의 종혈구획이 추가 피난계단, 특별피난계단의 설치대상이 지하2층 이하로 확대 내장제한에 내화(耐火)건축물 호텔 등, 피난경로가 추가 중복 보행거리 규정이 창설 지하가 규정가화
1971년	특수건축물 범위에 아동복지시설 등이 추가 둘 이상의 직통계단의 설치대상에 물건 파는 점포 추가 내장제한의 규모, 창문 없는 실내, 화기 사용 실내 추가 배연설비, 비상용승강기, 비상용 진입구, 비상조명 규정이 창설
1974년	방화문, 방화댐퍼(damper)구조기준 정비 둘 이상의 직통계단의 설치대상에 카바레 등이 추가 내장제한에 중층건축물에 대한 제한 강화
1981년	건설성[3]으로부터 고층건축물 등에 관한 방재계획 지도에 대한 통달 공포
1982년	건설성으로부터 여관 및 호텔의 방재계획의 지도에 대한 통달 공포
1998년	건축기준법 개정 〈방화/피난관련 규정의 성능규정화〉
2000년	방내화(防耐火), 피난관련 규정의 성능화에 관한 규정이 창설 건축기준법 제38조 삭제 방재계획에 관한 통달이 실효
2002년	방내화(防耐火), 피난관련 규정의 성능화에 관한 규정이 창설 엘리베이터 승강로의 승장문의 차연성능[4]이 강화
2003년	둘 이상의 직통계단의 설치대상에 유흥시설 등이 추가

3) 한국의 「국토해양부」에 해당

4) 차연성능(遮煙性能) : 연기를 차단하는 성능

1.2 38특인(特認)에서 성능규정화로

건축기준법의 방화·피난관련 규정은 일반적인 건축물에 있어서의 표준적인 사용편리성을 전제로, 방화의 대책과 효과를 상정하여 사양서처럼 구성되어 있다. 이렇게 책정된 법 규정에 따라 설계하면 일반적으로 필요한 안정성을 확보하고 있다고 말할 수 있다. 하지만, 건축물의 입지조건, 용도, 규모, 구조 등의 유형별로 세세하게 구성되었다고는 하지만, 본래는 하나하나 형태나 기능이 틀림없이 다른 건축물에, 어떤 범위로 큰 그물을 덮어씌운 것과 같은 형태로 만들어졌기 때문에, 표준적인 안정성을 확보했다 하더라도 반드시 모든 사람에 대해서 안전하다고는 말할 수 없거나, 또한 합리적이지 못한 건물이 되어 버린다.

1980년대 전례 없는 호황에 힘입어 건축물의 대형화 고층화가 진전되었고, 게다가 고도정보화에 대응할 수 있는 공간과 새로운 기술개발에 의해 만들어진 공간이 수없이 출현하여, 사양규정으로는 합리적이라고 할 수 없는데다 설계도 법에 따른 대응이 될 수 없게 되어 건축물의 방재계획으로서는 최적 대책으로 될 수 없는 상황도 많아졌다. 이러한 상황을 보완하기 위해 구건축기준법에서는 구제책으로서 법 제38조가 규정되어 있었다.

구법 제38조에 의한 장관인정에 따라 도쿄 돔과 같은 대공간, 아트리움 공간, 대규모 목조건축물, 나아가서는 새로운 기술에 의한 구조와 연기 제어시스템 등, 종래의 법 규제에서는 실현되지 못한 건축물이 연이어 세워졌다. 1989년의 법 개정에 따라 법 제38조가 삭제될 때까지 건축방재계획에 관련된 장관인정 신청 수는 2000건을 넘었다.

장관인정의 신청수를 급격히 증가시킨 것은 호황에 의한 건축투자의 증대 이외에 건설성 종합기술개발 프로젝트에 의한 건축물의 방화설계법의 개발이 큰 역학을 했다. 당 프로젝트는 구 건설성 건축연구소가 주최가 되어 구 건설성, 대학 및 민간기업에 의해 1982~1987년의 5년에 걸쳐 실시된 것으로, 성능적인 규준을 구체적인 것으로 만들고, 방화설계의 공학적 수법을 일반화 시켰다.

구 법 제38조에 의한 장관인정은 새로운 기술, 재료 등을 건축에 쉽게 도입하기 위한 수법이어서, 법 규정과 동등 이상의 효력이 있다고 인정되어 왔다. 하지만 이 법 규정과 동등 이상의 안전성이 있다고 증명하는 것은 어려워서, 그 판단기준에 약간 애매한 점이 있어 엑스퍼트 저지[5]에 의해 안전성이 심사되어 왔다.

건축기준법이 제정된 지 약 반세기가 경과하여 세상의 흐름은 크게 바뀌어, 국제사회에 있어서의 규제완화의 경향은 건축업계에도 미치게 되었다. 그러한 상황하에서 구 건설성은 "21세기를 목표한 새로운 건축규제 만들기"를 향해서 움직이기 시작하여, 국제조화, 자기책임 원칙을 도입, 민간 선택의 자유 확대 및 기술개발의 유발의 관점에서 사양규정 중심의 법 규제로부터 성능규정화로의 개정이 2000년에 시행되었다.

1.3 방내화(防耐火) · 피난관련 규정의 성능규정화

1. 성능규정의 개요

건설기준법 시행령(이하, 령이라고 함)의 개정에 의한 방내화(防耐火)·피난관련 규정의 성능규정화에서는 내화성능검증법, 방화구획검증법, 층 피난안전검증법 및 전관피난안전검증법이 창설되어, 고시에 그 계산방법이 제시되었다. 그 내용은 표 1.3에 의한다.

5) expert judge : 전문심판원

표 1.3 검증법의 내용

항 목	내 용
1. 내화성능검증법	• 내화성능에 관한 성능기준 : 영 제108조의 3 제1항 • 내화성능검증법에 관한 산출방법 : 건설성 고시 제1433호 • 적용범위 : 신청건축물 전체의 주요구조부 • 내용 : 신청건축물 주요구조부의 간이내화구조[6]
2. 방화구획검증법	• 방화구획검증에 관한 성능기준 : 영 제108조의 3 제4항 • 방화구획검증법에 관한 산출방법 : 건설성 고시 제1443호 • 적용범위 : 신청건축물 전체의 주요구조부 • 내용 : 신청건축물의 주요구조부의 간이특정방화설비
3. 층 피난안전검증법	• 층 피난안전검증에 관한 성능기준 : 영 제129조의2 제1항 • 층 피난안전검증법에 관한 산출방법 : 건설성 고시 제1441호 • 적용범위 : 신청건축물의 임의 층 전체 • 내용 : 방화 · 피난관련법규의 적용제외(상세한 것은 제2편 3.1절)
4. 전관피난안전검증법	• 전관피난안전검증에 관한 성능기준 : 영 제120조의2의2 제1항 • 전관피난안전검증법에 관한 산출방법 : 건설성 고시 제1442호 • 적용범위 : 신청 건축물 전체 • 내용 : 방화· 피난관련법규 적용제외(상세한 것은 제2편 3.1절)

2. 설계의 루트

성능규정화에 따라 건설설계에 있어서의 내화 및 방화 · 피난관련 규정의 취급방법은 사양기준에 의해 설계하는 방법(루트A), 고시에 제시된 산출방법을 이용해서 설계하는 방법(루트B), 고시의 계산방법을 이용하지 않고 컴퓨터 시뮬레이션 등에 의한 고도한 검증을 하여 설계하는 방법(루트C)과 같이 세 가지 방법이 출현했다. 설계 루트는 그림 1.1에 나타내는 것과 같다. 이 방화설계에 있어서의 루트라고 하는 호칭은 편의적인 것으로 법률용어는 아니다.

성능설계의 개요 및 이용방법은 제2편에 의한다.

6) 간이내화구조 : "みなし耐火構造"의 의역, 즉 내화구조가 아니지만 내화구조의 기능이 있어 어느 정도 내화구조로 여기는 것. 한국에서는 "간이내화구조"라는 용어로 사용하는 것 확인

그림 1.1 설계 루트

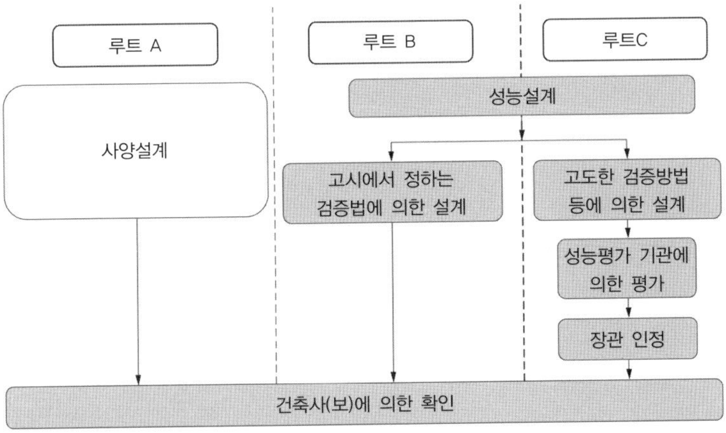
루트 A
루트 B
루트C
성능설계
사양설계
고시에서 정하는 검증법에 의한 설계
고도한 검증방법 등에 의한 설계
성능평가 기관에 의한 평가
장관 인정
건축사(보)에 의한 확인

제2장 방재(防災)계획의 구상

2.1 방재계획서 작성

건축방재계획은, 1981년 구 건설성 주택국 지도과로부터 "고층건축물 등에 관련된 방재계획의 지도"라고 해서 방재계획서 작성에 관한 통달이 공포되어, (재)일본건축센터가 평정기관이 되어 방재계획의 평정이 이루어져 왔다. 방재계획 평정의 제1호는 1981년 시즈오카(静岡)시 청사로 되어 있다. 그 후 4,000건을 넘는 건축물의 방재계획평정이 이루어져 왔는데, 2000년에 통달(通達)이 효력을 잃었기 때문에 이후에는 특정 행정청마다 조례

그림 2.1 건설방재계획 평정수의 추이 〈(재)일본건축센터 평정〉

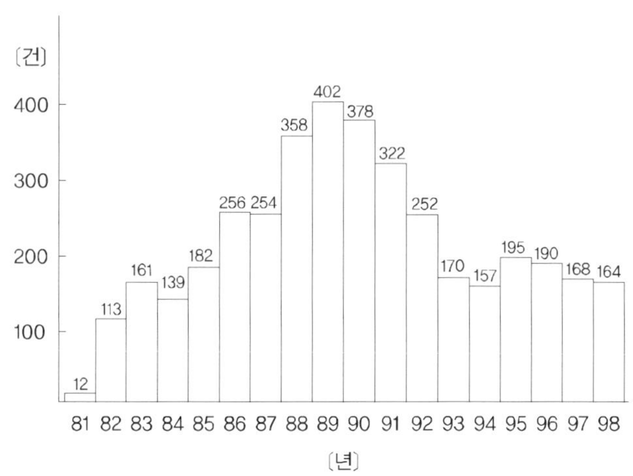

등에서 방재계획서 취급의 운용이 행해지고 있다. 그림 2.1에 평정기관에서 평정을 받은 건축방재계획 평정의 추이를 나타낸다.

2.2 방재계획의 이념

1. 방재계획이란

방재계획이란 건축물 안전의 확보를 목표로 한 도시계획, 건축계획, 설비계획, 구조계획의 유지보전 등으로 그림 2.2에 나타내듯이 종합적인 계획이다. 계획에 있어서는 방재관련 법규에 적합할 뿐만 아니라, 하드웨어와 소프트웨어의 양면에 있어서 종합적인 견지에서 안전을 생각한 합리적인 것이어야 한다.

그림 2.2 방재계획의 개요

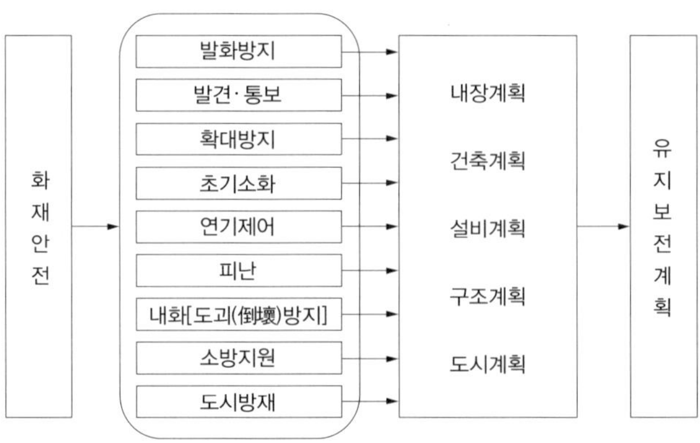

여기에, 트레이드 오프(trade off), 맨머신 시스템(man-machine system), 풀 프루프(fool proof)와 페일 세이프(fail safe) 및 리스크 매니지먼트(risk management)의 4항목의 키워드로 방재계획의 기본방침을 정리해 본다.

2. 트레이드 오프(trade off)

건축물의 안전은 여러 요소에 의해 짜여져 있다. 여러 요소라는 것은, ① 계획시의 안전성 확보를 위한 요소, ② 건축물을 구성하는 요소, ③ 시계열적인 페이즈(phase : 단계)의 요소 등이다. 이들의 요소들은 단독으로 목적을 달성하는 것이 아니라, 상호간에 트레이드 오프 관계가 성립하고, 그것에 의해 상호간에 부족을 보충하거나 조합함에 따라 성과를 내거나 한다. 방재계획에 있어서 건물의 특성에 맞춘 가장 좋은 트레이드 오프의 관계를 채용함으로써 합리적이고 플렉시빌리티(flexibility : 유연성)가 높은 안전성이 얻어진다. 그림 2.3에서 방재계획에 있어서의 트레이드 오프의 관계를 나타낸다.

① 계획시의 안전성 확보를 위한 요소 : 발화 방지, 발견·통보, 확대 방지, 초기소화, 연기 제어, 피난,

② 건축물을 구성하는 요소 : 재료, 구법(構法)[7] 공간의 구성, 설비시스템 등

③ 시계열적인 페이즈 요소 : 설계, 시공, 유지, 사용 등

그림 2.3 방재계획의 트레이드 오프

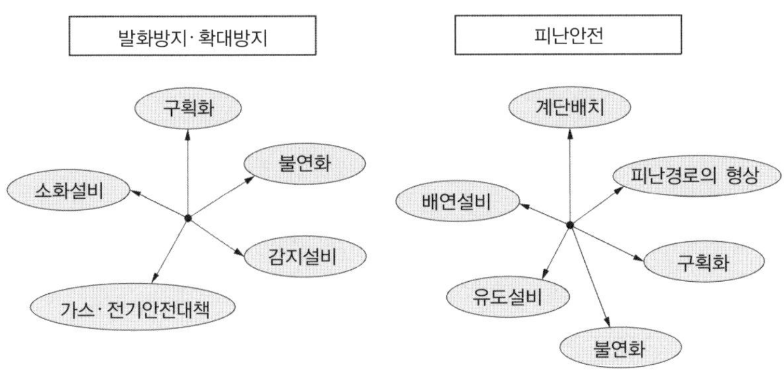

7) 구법(構法) : 건축 전체 혹은 부분의 성능의 검토에 따르는 구조재료와 부품의 구성방법

3. 맨머신 시스템(man-machine system)

건축물의 안전성을 확보하는 요소의 하나로서, 사람과 건축물로 구성되는, 소위 맨머신 시스템이 있다. 과거의 화재사례를 살펴보면, 큰 피해에 달하는 원인은 여러 가지로 분산되어 있다. 그것은 사람과 건축물이 상호간에 연계되어 있지 않은 점, 즉 사용방법을 고려하지 않은 설계, 설계의도를 무시한 사용 등이다. 특히 유지·사용상의 실수가 중대한 결과로 이어지는 경우가 많다. 아무리 방재설비 등을 완비했다고 하더라도, 효과적인 활용이 없다면 의미가 없다.

방재시스템이란, 화재예방 및 화재발생 시에 방재설비 등을 효과적으로 활용하기 위한 방재센터를 중심으로 한 맨머신 시스템이라고 말할 수 있다. 맨머신 시스템의 개념을 그림 2.4에서 나타낸다.

그림 2.4 맨머신 시스템의 개념

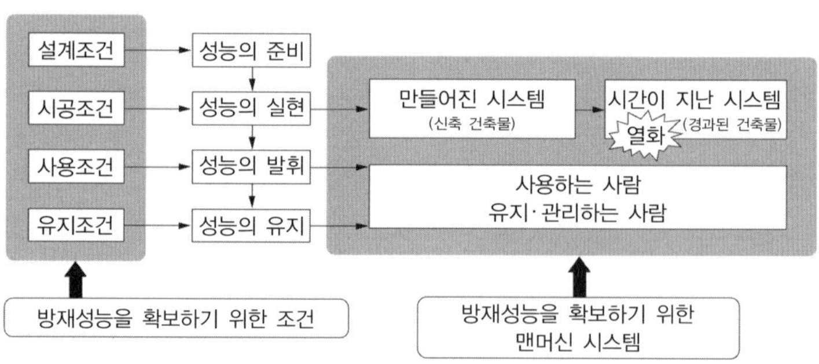

4. 풀 프루프(fool proof)과 페일 세이프(fail safe)

맨머신 시스템이 당초 생각했던 대로의 기능을 발휘하기 위해서는 풀 프루프와 페일 세이프 대책을 강구해야 한다.

풀 프루프란, 시스템의 이상 혹은 비상상태에 대해 사람이 혼란 없이 용이하게 대응할 수 있도록 단순하고 명료한 배려를 미리 생각해두는 것을 말한다.

페일 세이프란, 화재발생 등에 의해 시스템의 일부가 고장 나거나, 그 결과 건축물의 일부가 불과 연기로 오염된 상태가 되었을 때에도, 중대한 사고와 위험으로 이어지지 않는 것과 같은 일정의 안전성이 보증될 수 있도록 하는 생각해두는 것을 말한다.

5. 리스크 매니지먼트(risk management)

재해는 일단 발생하면, 그 결과 하드웨어와 소프트웨어의 양면에 갖가지 손실을 초래한다. 이 손실을 최소한으로 억제하기 위해서 예측되는 사태에 대처하기 위한 계획이 필요하게 된다. 그러기 위해서는 과거의 화재사례와 설계조건, 이용형태 등을 충분히 검토하고, 이 분석결과를 가지고 사람과 건축물이라는 시스템을 양호한 관계로 유지해야 한다.

방재계획에 있어서의 리스크 매니지먼트(risk management)는 리스크를 발생시키는 구체적인 것에 대해, 미리 물리적으로 컨트롤하는 것으로 ① 리스크 예방, ② 리스크 경감, ③ 리스크 이전(移轉), ④ 리스크 회피로 성립되어 있다.

① 리스크 예방 : 재해 발생에 대해 사전에 대처하는 방법

② 리스크 경감 : 재해가 발생한 경우에 손해규모가 확대하지 않도록 경감시키는 방법

③ 리스크 이전 : 보험계약에 의한 다른 사람으로의 리스크 이전, 경비보증회사와의 계약에 의한 책임전이를 하는 방법

④ 리스크 회피 : 예상 외의 사용이 없도록 하기 위해 운용상의 제한을 하는 등의 대책을 행하는 방법

다수의 사상자를 낸 과거의 화재 후의 상황을 조사해 보면, 거의 대부분의 경우, 경영자는 업무상 과실치사상죄로 금고형의 실형을 받고 기업은 사회적 신뢰가 실추되어 없어져 버리거나 경영자가 바뀐다.

기업은 경영사의 손실을 미연에 방지하고, 손실이 일어났을 때에는 이를

최소한으로 하기 위한 리스크 매니지먼트를 하여야 한다.

6. 피해확대에 이어진 문제점

화재사례에서 큰 피해에 이르게 된 원인을 조사해 보면, 문제점은 분산해서 존재하고 있다는 것을 알 수 있다. 그것은 이용형태를 생각하지 않는 계획, 건물 전체의 밸런스를 생각하지 않은 증개축계획, 단지 법 규제만을 만족시키는 것뿐인 계획 등의 계획·설계상의 문제와 시공의 부실, 그리고 가장 중요한 방화관리와 유지보전의 부실이다. 과거의 화재사례에서 다수의 사망자가 발생하였을 때에는 거의 대부분이 건물의 방화관리자의 업무상 과실의 형사책임이 물어진다. 이들의 원인에 대해서 적절한 대처를 한다면, 피해는 꽤 경감될 수 있는 가능성이 있다. 즉, 풀 프루프와 페일 세이프가 확보된다는 것이다.

표 2.1에 피해확대에 이어지는 문제점을 정리하였다.

표 2.1 화재의 실례에서 보는 피해확대에 이어진 문제점

항 목	내 용	
발화 방지	설계·시공	• 내장재를 불연재로 하는 장소에 가연재를 사용 • 화기 사용 가까이에 가연재를 사용
	유지·사용	• 가스기기, 전기기기의 부적절한 사용 • 가스배관, 전기배선의 관리 소홀 • 위험한 장소에 가연물 방치 • 위험물의 부적절한 사용 • 개장(改裝)에 의해 내장재가 불연재에서 가연재로 되었다.
발견/감지 통보/알림	설계·시공	• 자동화재알림설비, 감지기 종류 및 설치 문제 • 수신기의 위치와 경비원실이 떨어져 있다. • 통보가 건물 전체에 전달되지 않는다.
	유지·사용	• 무인상태가 많아 발견이 늦어졌다. • 감지·통보설비의 관리 소홀, 설비의 고장 • 수신기, 비상방송이 정지상태 • 관리요원의 교육·훈련부족, 관리요원의 인원부족 • 사전의 계획이 주간체제를 대상으로 했었기 때문에 야간의 초기대응에 무리가 발생했다. • 개장(改裝)공사중에 감지기 배선을 절단

(계속)

항 목		내 용
초기소화	설계·시공	• 옥내소화전의 위치가 알기 어려움 • 옥내소화전의 수가 부족
	유지·사용	• 스프링클러설비의 작동불량 • 옥내소화전의 작동불량 • 소화설비의 사용방법 등의 훈련부족 • 방 구획 변경에 의한 스프링클러 살수장해
확대방지	설계·시공	• 계단실 구획이 없음 • 증개축의 반복으로 구획이 불완전 • 위가 뚫린 구조 주변의 구획이 불완전 • 덕트(duct)의 방화댐퍼(damper : 배연장치) • 콘크리트공사 시의 구멍 메움공사가 불완전 • 방화셔터가 폭이 넓어 중앙부에 불룩해진 현상 발생 • 방화개폐구에 근접한 곳에 가연재로 마감작업 • 종혈이 되는 설비 샤프트점검구가 가연재 • 방화구획 위치의 설비점검구의 구획성능이 불완전
	유지·사용	• 방화문·방화셔터의 관리 소홀에 의한 폐쇄장해 • 방화문 · 방화셔터의 폐쇄위치에 물건 방치 • 방화문에 고정장치 부착 • 방화문 주변에 다량의 가연물 방치 • 개장(改裝)에 의한 방화구획의 일부 손상
피난	설계 · 시공	• 증개축의 반복으로 피난경로가 복잡 • 2방향 피난이 되어있지 않음 • 막다른 복도 • 배연구의 설치위치가 부적절 • 비상전원설비 미비
	유지·사용	• 피난경로, 피난계단 내부에 물건 방치 • 피난경로를 알 수 없음 • 피난구에 시건장치 • 창문의 개폐방법, 비상개폐구의 개폐방법을 알 수 없음 • 배연구가 열리지 않음 • 피난유도교육, 훈련 부족
소화 · 구조	설계·시공	• 배연설비가 없어 소방활동 곤란 • 진입구, 창문이 없어 소방단의 진입 곤란 • 방 나눔 등이 복잡해서 소방활동이 곤란 • 소방차의 근접, 소방대의 진입이 안 됨
	유지·사용	• 부지 내에 위반 건물이 있어 소방차의 근접 불가 • 방 나눔 변경으로 내부의 구조를 알 수 없음 • 비상용 진입구 앞에 물건이 놓여 있음

2.3 방재계획의 수립방법

2.3.1 발화 방지

1. 발화 방지에 대한 구상

화재는 화기의 부적절한 사용, 전기 계통의 고장 및 방화(放火) 등에 의해 가연물에 착화하고, 순차적으로 다른 가연물과 내장재에 옮겨 붙어 성장하여 어느 시점을 경계로 화재실은 단숨에 1,000℃ 가까운 고온에 휩싸인다. 이 상황을 플래시오버라고 하며, 그 후 화재실은 성기(盛期)화재가 된다(그림 2.5).

발화방지대책으로는 화기 사용의 제한과 전기설비의 안전대책 등의 발화원 대책을 세우는 것은 당연하지만, 발화 후의 화재가 성장하는 과정은 실내의 가연물의 양, 내장재의 종류 및 방을 구획하는 구조 등으로 크게 달라진다. 방의 용도마다의 가연물의 양 및 내장재료의 성능을 아는 것이 발화방지 대책의 첫걸음이다.

그림 2.5 화재진전 상태

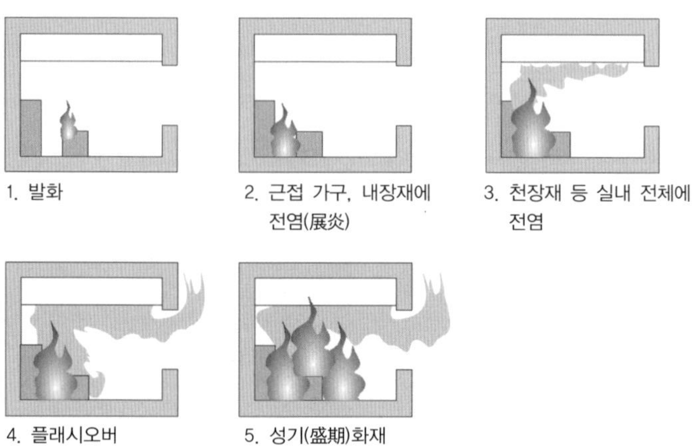

2. 가연물의 종류

실내의 가연물에는 고정가연물과 적재가연물이 있다.

고정가연물이라는 것은 벽, 천장, 바닥 및 칸막이 벽 등에 사용되는 가연성 속지·내장재 및 가연성 건구(建具), 붙박이식 가구 등과 같이 실내에 고정된 가연물을 말한다. 일반적으로 붙박이가구 등에서 벽과 일체화되어 있어 이동 불가능한 선반 등은 내장으로 취급하므로 목재로 만든 선반 등을 벽면에 부착시키는 경우에는 주의를 필요로 한다.

적재가연물이란 건물 사용자에 의해서 실내에 들여진 가연물로, 가구, 집기, 서류 및 주변 물품을 포함한 것을 말하며, 건설성 고시 제1441호에서는 방의 용도마다 적재가연물의 발열량으로 정해져 있다. 발열량이라는 것은 연료가 연소했을 때에 방출되는 열량으로 표 2.2와 같이 방 용도마다 바닥면적 1㎡당 적재가연물의 발열량이 나타나 있다. 연소의 상태를 나타내는 값으로서, 가연물의 연소에 의한 1초당 방열량으로 발열속도[kW], 가연물의 연소 확대의 속도를 나타내는 값으로서 화재성장률 등이 있다.

표 2.2 주요 실(室) 용도마다의 적재가연물량(건설성 고시 제1441호)

용 도	고시에 제시되는 적재가연물의 발열량	발열량에 상응하는 목재중량
사무실	560 MJ/㎡	35 kg/㎡
회의실	160 MJ/㎡	10 kg/㎡
점포(일반, 음식)	480 MJ/㎡	30 kg/㎡
점포(가구, 서적매장)	960 MJ/㎡	60 kg/㎡
교실	400 MJ/㎡	25 kg/㎡
주택	720 MJ/㎡	45 kg/㎡
박물관, 미술관	240 MJ/㎡	15 kg/㎡

3. 내장재의 발열량

법령에 의한 내장재에는 불연재료, 준불연재료 및 난연(難燃)재료의 규정이 있어, 특정 건물에서 사양규정의 범위에서는 이들의 방화재료밖에 사용할 수 없도록 되어 있다. 내장재의 불연성능에 의해 연소성상은 크게 다르다. 단위면적당 발열량을 표 2.3에 정리한다.

표 2.3 내장재의 단위면적당 발열량

내장재의 종류	두께 1㎝ 재료의 총발열량	10분간 연소했을 때의 평균발열속도
불연재료	8 MJ/㎡	13.3 kW/㎡
준불연재료	16 MJ/㎡	26.6 kW/㎡
난연재료	32 MJ/㎡	53.2 kW/㎡
목재	80 MJ/㎡	133.0 kW/㎡

그러면, 불연성능이란 무엇인가. 1998년의 법 개정에 의한 성능규정화로 불연재료의 성능이 제시되었다.

불연성능이란, ① 연소하지 않는다(비연소성), ② 방화에 있어 유해한 변형, 융해, 균열 그 밖의 손상이 발생하지 않는다(비손상성), ③ 피난에 있어 유해한 연기 또는 가스를 발생하지 않는다〈비발연성(非發煙性)〉 등과 같은 3가지 성능이 규정되어, 가열 개시 후에 각각의 요건을 만족시키는 시간에 의해 불연, 비불연, 난연이라고 규정된다(표 2.4). 한 예를 들면, 이러한 성능이 제시됨에 따라 구 법에서는 준불연재료로 지정되었던 석고보드가 두께에 의해 표 2.5에 나타내는 것과 같은 사양이 되었다. 이 사양은 재료 제조사의 인정품이다.

표 2.4 불연재의 성능

요 건	성 능
가열 개시 후 20분간, 불연성능을 가짐	불연재료
가열 개시 후 10분간, 불연성능을 가짐	준불연재료
가열 개시 후 5분간, 불연성능을 가짐	난연재료

표 2.5 석고보드의 사양

석고보드 두께 7mm 이상	난연재료
석고보드 두께 9mm 이상	준불연재료
석고보드 두께 12mm 이상	불연재료
석고보드 두께 (9mm+9mm)	30분 내화구조
석고보드 두께 (9mm+12mm)	45분 내화구조
석고보드 두께 (12mm+12mm)	1시간 내화구조

4. 내장계획

방의 내장을 정함에 있어서는 건축기준법에 내장제한이라는 규정이 있고, 이에 준한 계획을 세우지 않으면 안 된다. 방재계획에 있어서는 최대한 불연화하도록 노력한다라고 하는 애매한 표현을 하는 경우도 있지만, 내장은 재질에 따라서는 화재 확대를 조장하는 요인이 됨과 동시에 다량의 연기 등을 발생시키는 위험성이 있다.

최근에는 생활환경에 안락과 치유를 위한 내장재로 목재를 사용하거나 다양화되는 공간형태에 따라 내장재의 취급도 다양화되고 있다. 그러나 내장제한의 규정은 매우 까다로운 표현으로 되어 있어 내장제한의 적용을 받는 건물, 받지 않는 건물을 각각 표 2.6, 표 2.7에 정리한다.

표 2.6 내장제한의 적용을 받는 건물(법 제35조의 2 영 제128조의 3의 2)

a. 특수건축물
b. 대규모건축물 • 층수 1로 연면적 3,000㎡ 초과 • 층수 2로 연면적 1,000㎡ 초과 • 층수 3 이상으로 연면적 500㎡ 초과
c. 창이 없는 방(배연에 있어, 채광에 있어 창이 없는 방)
d. 화기사용실

표 2.7 내장제한의 적용을 받지 않는 건물(영 제128조의 4)

a. 자동화기설비(스프링클러)와 배연설비를 설치한 경우
b. 학교, 체육관, 볼링장, 스키장, 스케이트장, 수영장, 스포츠연습장
c. 내화건축물에서 바닥면적을 100㎡마다 방화구획한 거실(공동주택에서는 200㎡ 이내)
d. 특수건축물이 아닌 경우에는 31m 이하에 있는 거실(내화건축물 등)으로, 바닥면적 100㎡ 이내마다 방화구획 되어 있는 것

(1) **내장제한(불연화)**

내장제한은 법 제35조의 2 영 제128조의 3의 2, 영 제128조의 4에 의한다. 건축기준법의 내장제한의 범위는 천장과 벽의 재질의 제한으로, 벽이라 함은 바닥면으로부터 1.2m 이상의 범위가 된다. 내장제한의 범위를 그림 2.6에 나타낸다.

그림 2.6 내장제한의 범위

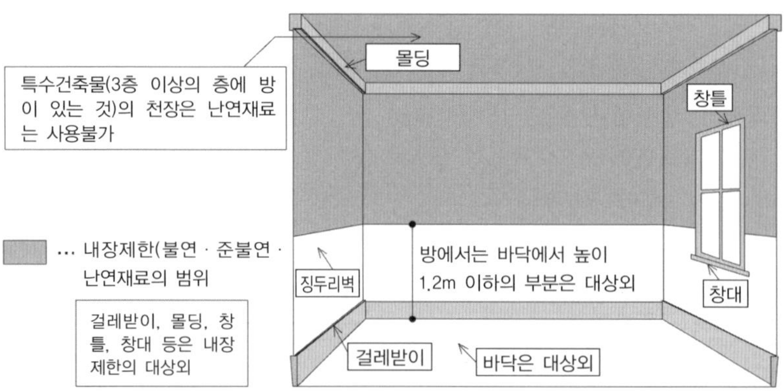

소방법의 내장제한은 벽은 바닥면에서 1.2m 이하의 부분도 제한의 범위가 된다. 이 제한이라는 것은 소방용 설비 등의 설치에 있어서의 완화규정에 의한 것이다.

(2) 내장에 목재를 사용하기 위해서는

목재를 사용해도 난연재에 준한 사양이 되는 규정이 건설성 고시에 나타나 있다. 건설성 고시 제1439호에 의하면, 그림 2.7에 나타내는 것과 같이 천장의 마감은 준불연재료로 하고, 벽재에는 화염전파 억제장치를 한 목재를 사용하면 내장은 난연재에 준한 사양이 된다(표 2.8).

내장제한을 받는 건물에 목재를 사용하는 방법은 피난안전 검증법에 의해 내장제한의 규정을 적용제외한 성능설계를 하는 것도 가능하게 된다. 성능설계에 대해서는 제2편을 참조하도록 한다.

표 2.8 난연재(難燃材)에 준한 사양(건설성 고시 제1439호)

【화염전파 억제장치를 한 목재】
a. 목재 등의 표면에 화염전파를 현저하게 조장하는 홈을 만들지 않는다. 그리고 다음의 b, c, d 중 어느 것인가를 만족할 것.
b. 목재 등의 두께를 25mm 이상으로 한다.
c. 목재 등의 두께가 10mm 이상의 경우는, 벽 내부에서의 화염전파를 방지할 수 있도록 배치된 기둥, 간주(間柱 : 샛기둥) 그 밖의 수직부재 및 보, 동연(胴縁)[8], 그 밖의 횡가구재(横架構材)[9]에 부착하거나, 또는 난연재 벽에 직접 부착한다.
d. 목재 등의 두께가 10mm 미만의 경우는 난연재 벽에 직접 부착한다.

그림 2.7 난연재에 준한 사양이 되는 목재내장

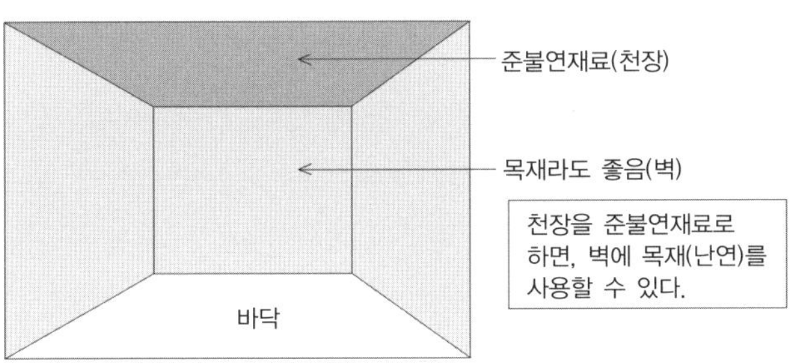

8) 벽, 담 등에 판자를 고정시키기 위해 속지처럼 기둥과 기둥 사이에 대는 폭이 좁은 횡목
9) 가구(架構) : 낱낱의 재료를 조립해서 만든 구조물

(3) **방염물품**

실내에서 착화물(着火物)이 되기 쉬운 각종 물품을 잘 타지 않게(방염)하기 위한 규제가 소방법 제8조의 3, 소방법시행령 제4조의 3에 정해져 있다. 법령에서는 고층건축물, 지하가, 극장, 카바레, 여관 및 병원 등에 있어서 사용하는 커튼, 양탄자, 무대의 막, 전시용 합판 등은 방염성능(방염물품)이 있지 않으면 안 되도록 의무화 되어 있다.

5. 발화의 위험성이 있는 방의 안전대책

발화원 대책에는 화기 사용실 대책과 발화의 위험성이 있는 방의 대책이 있다. 화기 사용실이란 것은 주방, 탕비실 등의 가스기구 사용실에서 가스누출 조기검지, 가스차단장치 등의 적절한 대책을 함과 동시에 내장의 불연화, 계기의 불연화, 방의 방화구획 등도 함께 행할 필요가 있다.

발화의 위험성이 있는 방이라는 것은, 창고, 쓰레기창고, 린네실, 위험물 저장고 등에서 발견이 늦어질 위험성, 단숨에 확대되는 위험성이 있는 방이다. 이러한 방은 방화구획으로, 관계자 이외의 사용을 금지하기 위해 출입구는 열쇠를 단다.

2.3.2 발견 · 통보

1. 발견 · 통보의 구상

조기발견, 조기통보는 화재예방과 피난안전의 첫걸음이다. 화재발생 시에 조기에 검출해서 방재센터의 수신기에 발화장소를 표시함과 동시에 화재가 발생한 것을 건물에 있는 사람들에게 알리는 경보를 울리고 소방기관에 통보하는 시스템이 자동화재통보설비와 비상경보설비이다.

화재의 조기발견과 통보를 달성하기 위해서는 화재에 의해 발생하는 화염, 열, 연기 등의 물리적 현상을 검출하는 검지시스템, 건물관리자와 건물에 있는 사람에게 알리는 통보시스템 및 이들의 감시시스템이 필요하고, 그것들이 유효하게 기능하는 것이 바로 맨머신 시스템이다.

2. 발견에서 통보까지

화재발생에 의해 화재감지기가 작동해서 방재센터의 수신기에 발신위치가 표시되면, 방재센터 요원은 화재정보가 오보인지, 발화인지 현장확인을 한다. 현장확인에 의해 발화가 확인되면, 방재센터가 중심이 되어 통보, 피난유도 그리고 초기소화 등의 활동을 시작한다. 발화에서 피난유도까지의 맨머신 시스템의 흐름은 그림 2.8과 같이 된다.

그림 2.8 발화에서 피난유도까지의 흐름

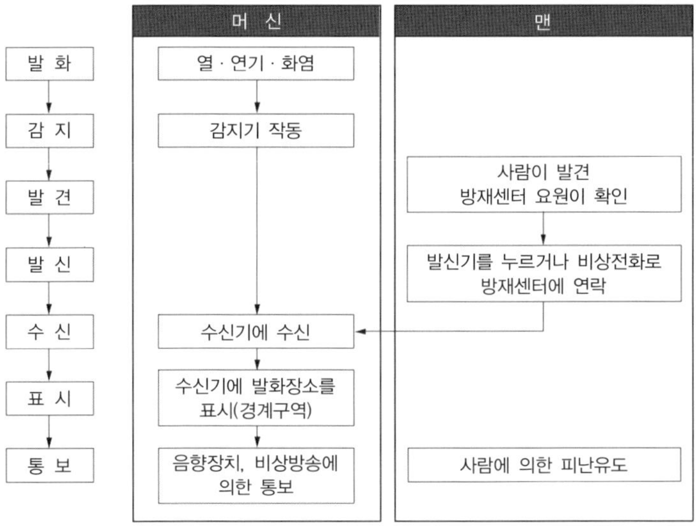

3. 자동화재 통지설비

자동화재 통지설비는 수신기, 감지기, 발신기 등으로 구성되어 있다.

(1) 수신기의 종류

수신기는 감지기 또는 발신기로부터 발신된 화재신호, 또는 검지기로부터 발신된 가스누출 신호를 수신하여 화재 혹은 가스누출의 발생을 관계자에게 통보하는 것이다.

수신기에는 P형, R형 및 가스누출 경보용인 G형이 있다. 그 외에 P형, R형과 G형의 기능을 함께 가지는 GP형, GR형이 있다.

- P형 수신기 : 수신기와 경계구역 내의 복수의 감지기가 병렬로 접속되어 하나의 회선을 형성하는 수신기. 화재를 감지하면 회선마다의 지구창(地區窓)에 화재표시를 하므로 회선 중의 어느 감지기가 작동한 것인가는 식별할 수 없다. 소·중규모의 건물에 맞는 시스템이다.
- R형 수신기 : 디지털 전송으로, 복수회선의 신호를 동일 신호선으로 전송하기 때문에 정보량이 크고, 화재를 감지한 감지기를 특정할 수 있기 때문에 화재 공간을 특정할 수 있다. 대규모 건물에 맞는 시스템이다.

(2) 감지기의 종류

감지기는 화재에 의한 열, 연기, 화염을 자동적으로 감지하여 화재신호

그림 2.9 감지기의 분류

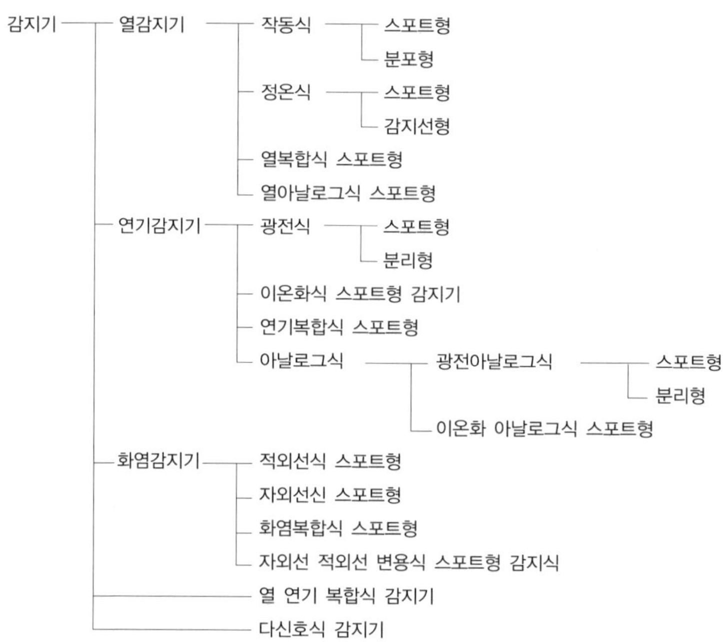

또는 화재정보신호를 수신기에 발신하는 것이다.

화재에 의해 발생하는 열을 감지하는 것이 열감지기, 연기를 감지하는 것이 연기감지기, 화염으로부터 발생하는 자외선을 감지하는 것이 화염감지기이다. 감지기의 분류는 그림 2.9, 기능은 표 2.9에 의한다.

표 2.9 주 감지기의 종류와 기능

a. 열감지기 착동식) 일정한 온도(60~80℃)에 달하면 작동하는 감지기 정온식) 일정한 온도상승폭으로 작동하는 감지기 복합식) 착동식과 정온식의 성능을 같이 갖춘 감지기
b. 연기감지기 광전식) 연기의 농도(광전소자전류의 변화)에 의해 작동하는 감지기 이온식) 연기의 농도(이온전류의 변화)에 의해 작동하는 감지기 복합식) 광전식과 이온식의 성능을 같이 갖춘 감지기
c. 열연기복합식 감지기 상기의 a와 b의 성능을 같이 갖춘 감지기
d. 화염감지기 자외선) 화염에서 방사되는 자외선에 의해 작동하는 감지기 적외선) 화염에서 방사되는 적외선에 의해 작동하는 감지기 복합식) 자외선과 적외선의 성능을 같이 갖춘 감지기
e. 다신호감지기 상기의 각 복합식 감지기의 성능을 같이 갖추고, 다른 2개 이상의 화재신호를 발신하는 감지기

(3) 경계구역

화재가 발생한 구역은 최소한의 단위로 식별될 수 있도록 해야 한다. 이 구역구분을 경계구역이라고 하고, 경계구역 중에서도 벽으로 둘러싸인 방의 단위를 감지구역이라고 한다. 경계구역은 수신반에 표시된다.

경계구역은 공간형태가 다른 공간, 이용형태가 다는 공간, 방화구획의 공간 등을 각각 경계구역이라고 하는데, 연기의 확산경로와 피난경로를 평면계획에서 검토해서 설정하는 것도 중요하다. 이렇게 설정한 경계구역을 방재센터에서 수신함으로써 비상시에 적절하고 확실한 상황판단이 가능하게 된다. 경계구획의 설정기준은 표 2.10에 의한다.

표 2.10 경계구역의 설정기준

경계구역의 설정기준	내 용
방화대상물이 2개 이상의 층에 미치지 않음	① 2개 층에 걸친 면적 500㎡ 이하 ② 연기 감지기를 계단실, 파이프샤프트 등에 설치
1개의 경계구역의 면적이 600㎡ 이하	주 출입구에서 내부를 들여다 볼 수 있는 경우 1,000㎡ 이하
1개의 경계구역의 한 변이 50m 이하	광전식 분리형 감지기를 설치하는 경우는 100m 이하

4. 비상경보 설비

비상경보 설비는 화재정보의 전달시스템으로, 소방법에서는 비상벨, 자동사이렌 및 방송설비의 3종류가 있고, 건물의 규모와 수용인원의 수로, 각각의 설비의 설치가 규정되고 있다. 면적이 큰 건물과 수용인원이 많은 건물에서는 방송설비의 설치가 의무화되어 있다.

5. 방송설비의 작동

방송설비는 미리 테이프에 녹음시켜둔 음성을 화재감지 시에 자동적으로 방송하는 것이다. 방송은 시그널과 음성메시지의 조합에 의한 것으로, 상황에 따라 감지기발보방송, 화재방송, 비화재방송을 실시한다. 시그널 음이란, 음성방송 전의 시그널음으로 주의를 환기시키는 것으로 화재경보용 시그널이 제정되어 있다. 그림 2.10은 비상방송 기동순서이다.

음성에 의한 방송은 조작자에 의한 방송(마이크로폰 방송)이 우선되고, 그 경우 음성경보음을 중지한다.

그림 2.10　비상방송의 기동순서

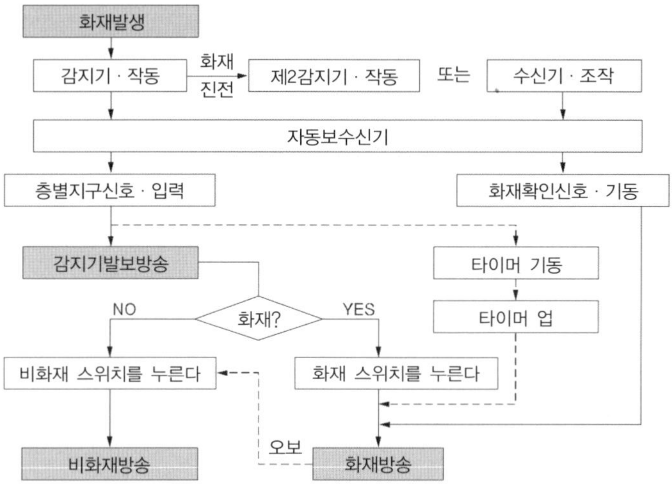

(1) 감지기발보방송

감지기발보방송은 감지기가 발보한 경우, 혹은 이에 준한 정보를 입수한 경우에 자동적으로 기동하는 방송을 말한다.

발보방송은 제1시그널음+메시지를 2회 이상 반복한다.

> 메시지 내용 (여성의 목소리로)
> … 지금 O층의 화재감지기가 작동했습니다. 담당자가 확인하고 있사오니 다음의 방송에 주의해 주시기 바랍니다.

(2) 화재방송

화재방송은 ① 화재가 확인된 경우, ② 발신기를 기동시킨 경우, ③ 복수의 감지기가 감지한 경우, ④ 발보방송이 기동하고 나서 일정시간 후에 해제되지 않았을 경우에, 자동적으로 혹은 수동으로 기동하는 방송을 말한다.

화재방송은 제1시그널음 + 메시지 + 제1시그널음 + 메시지 + 제2시그널의 반복을 10분 이상 한다.

메시지 내용 (남성의 목소리로)
… 화재입니다. 화재입니다. O층에서 화재가 발생했습니다. 침착하게 피난해 주시기 바랍니다.

(3) **비화재방송**

비화재방송은 화재발생이 없는 것을 확인한 경우에 수동으로 기동하는 방송을 말한다.

비화재방송은 제1시그널음+메시지를 2회 이상 반복한다.

메시지 내용 (여성의 목소리로)
… 조금 전의 감지기의 작동은 확인결과 이상이 없었습니다. 안심하시기 바랍니다.

(4) **비화재보**

비화재보라는 것은, 화재가 발생하지 않았는데 감지기의 고장과 담배연기로 감지되는 등의 오보를 말하는 것이다. 비화재보가 많으면 관리자는 장치의 전원을 꺼버리는 경우도 있어, 전원을 껐을 때 화재가 발생하여 대참사가 된 호텔화재의 예도 있다.

도쿄 소방청의 조사에 의하면, 도쿄도 내의 비화재보의 실태는 비화재보가 1,000회, 실제 화재발보가 1회의 비율이 되어 있다는 보고가 있다. 즉, 1,000회의 오보 뒤에 겨우 소방통계에 기록되는 화재를 만나게 되는 셈이다.

비화재보대책을 시행하기 위해서는, 일반적으로는 화재감지의 2단계제를 채용하고 있다. 두 개의 원리를 같이 갖춘 타입의 감지기에 의해 제1보의 발보로 방재센터의 주음향장치가 울리고, 제2보의 발보로 지구음향장치가 울리게 되는 시스템이다. 두 가지 원리를 같이 갖춘 타입의 감지기는 복합식감지기, 다신호식감지기 등이 있다.

6. 비상방송의 방송구역

비상방송의 방송구역은 최초의 방송은 발화층과 그 바로 위층으로 하고, 발화의 진전상황에 맞추어 순차적으로 방송구역을 넓힌다.

스피커의 설치에는 10m기준과 성능기준이 있어, 방송구역마다 한 가지 기준을 선택하여 설치한다. 10m기준이라는 것은 방송구역 각부의 스피커 수평거리가 10m 이하가 되도록 설치하고, 성능기준이라는 것은 음압레벨과 방의 흡음률(명료도) 등을 계산해서 설치하는 방법이다.

2.3.3 확대 방지

1. 확대 방지의 구상

화재의 확대를 미연에 막고 피해를 최소한으로 하는 방법에는 소화와 구획화의 2종류가 있다. 구획화란, 플래시오버 이후의 성기(盛期)화재를 어떤 한정된 공간에 가두어둠으로써 비화재실과 비화재층의 체재자의 피난안전과 소방활동의 안전성을 확보하는 것, 그리고 재산보호를 목적으로 한다.

표 2.11 방화구획의 종류

구획의 종류	내 용
면적구획 (영 제112조 제1항)	1,500㎡(스프링클러설비 등의 자동소화설비를 설치한 경우는 3,000㎡) 이내마다 준내화구조의 벽·바닥 또는 특정방화설비로 구획할 것.
고층구획 (영 제112조 제5항~제8항)	11층 이상의 층에 있어서는, 속지·마감재 모두 불연재료로 하고, 개구부는 특정방화설비로 구획한 경우는, 500㎡(스프링클러설비 등의 자동소화설비를 설치한 경우는 1,000㎡) 이내마다 준내화구조의 벽·바닥으로 구획할 것.
종혈구획 (영 제112조 제9항)	지하 또는 3층 이상의 층에 방을 가지는 내화건축물의 종혈(수혈 : 竪穴)은 준내화구조의 벽·바닥 또는 방화설비로 구획할 것. 다만, 피난층에서 그 직상층 또는 직하층에만 통하는 트인 구조에서 속지·마감재 모두 불연재료로 하는 경우에 한해 2층까지의 트인 구조디자인이 가능하다.
이종(異種)용도구획 (영 재112조 제13항)	건물 내의 이종용도 사이에는 1시간의 준내화구조의 벽·바닥 또는 특정방화설비로 구획할 것. 이종용도라는 것은 법 제27조 제1항 각호에 규정되는 각각의 용도가 된다.

법에 정해져 있는 방회구획에는 면적구획, 고층구획, 종혈구획 및 이종구획이 있다. 그 내용은 표 2.11에 의한다.

방화구획의 위치는 법령을 따르는 것 이외에 피난계획, 자동화재통보설비의 경계구역, 소화설비의 방수구역, 비연설비계통 및 이용형태와 관리형태 등과 일치하는 것이 바람직하다. 이러한 구상을 방재조닝이라고 한다. 방재의 조닝을 구상하는 것으로, 일상적인 사람의 움직임, 설비의 조닝 등의 일상의 조닝과 비상시의 조닝이 일치하게 된다.

2. 구획의 성능

구획을 형성하는 구조체에 요구되는 성능은 비손상성, 차열성(遮熱性) 및 차염성(遮炎性) 등 세 가지이다. 구획을 형성하는 개구부에 요구되는 성능은 차염성과 차연성(遮煙性) 두 가지이다. 구획형성 부재에 요구되는 성능은 표 2.12에 의한다.

표 2.12 구획을 형성하는 부재에 요구되는 성능

<table>
<tr><th colspan="4">구획형성 부재</th><th>성 능</th></tr>
<tr><td rowspan="6">벽</td><td rowspan="3">칸막이벽</td><td colspan="2">내력벽</td><td>비손상성</td></tr>
<tr><td colspan="2">비내력벽</td><td>차열성</td></tr>
<tr><td colspan="2">개구부(방화설비, 특정방화설비)</td><td>차염성, 차연성</td></tr>
<tr><td rowspan="3">외 벽</td><td colspan="2">내력벽</td><td></td></tr>
<tr><td rowspan="2">비내력벽</td><td>연소(延燒)[10]의 우려가 있는 부분</td><td>차열성, 차염성</td></tr>
<tr><td>연소의 우려가 있는 부분 이외의 부분</td><td>차열성, 차염성</td></tr>
<tr><td colspan="4">기 둥</td><td>비손상성, 차열성</td></tr>
<tr><td colspan="4">바 닥</td><td>비손상성</td></tr>
<tr><td colspan="4">보</td><td>비손상성, 차염성</td></tr>
</table>

- 비손상성 : 화재 시에 구조내력상 지장이 되는 변형, 용해, 균열 등의 손상이나 내력저하가 발생하지 않는 성능

10) 연소(延燒) : 화재가 근원지에서 다른 건물로 옮겨 붙는 것.

• 차열성 : 어느 한 면에 화재의 열을 받았을 때, 반대편 면의 온도가 잘 상승되지 않는 성능
• 차염성 : 어느 한 면에 화재를 입었을 때, 반대편에 화염을 분출하게 하는 균열이 발생하지 않게 하는 성능
• 차연성 : 균열이나 틈으로부터 연기를 통과시키지 않는 성능

3. 별동(別棟)구획

별동 취급의 구상은 건축기준법과 소방법이 다르지만, 기본적인 구상은 화염과 연기의 영향이 미치지 않는 구획형성을 하는 것으로, 방재상의 별동을 성립시키는 개념이다.

건축기준법상의 별동취급은 명확한 규정은 없지만, 영 제117조 제2항에 [피난시설에 관한 별동취급]의 규정, 영 제126조의 2 제2항에는 [배연설비에 관한 별동취급]이 규정되어 있다. 그 밖에 [일본건설주사회의·헤이세이 7, 8년도[11]보고서·건물주의 방화피난규정에 관한 운영지침(건설성주택국건설지도과감수, (재)일본건축센터, 1997)]에, 기존소급이 미치지 않는 증축의 범위 및 접속 사양이 제시되어 있다. 소방법의 별동취급은 [소방용 설비의 설치 단위에 있어 별동취급]이라고 하여 명확한 기준이 있다(제2편 1.91.항 참조).

4. 화재의 모습

화재가 발생한 경우의 화재의 크기는 가연물의 양이 많은지 적은지, 화재공간이 개방적인지 폐쇄적인지의 두 개의 요인으로 결정된다. 화재의 크기라는 것은, 부분적인 화재로 끝나느냐 아니면 방 전역의 화재가 되느냐의 어느 쪽이다. 피난안전검증법 또는 내화성능검증법을 이용한 성능설계에서는 이들 화재를 국소화재와 일제균등화재로 나누고 있다. 화재 확대의 개념을 그림 2.11에 나타낸다.

---

11) 헤이세이(平成) : 일본의 현재의 연호, 예) 헤이세이7년(1995년), 헤이세이8년(1996년)

그림 2.11 화재 확대의 개념

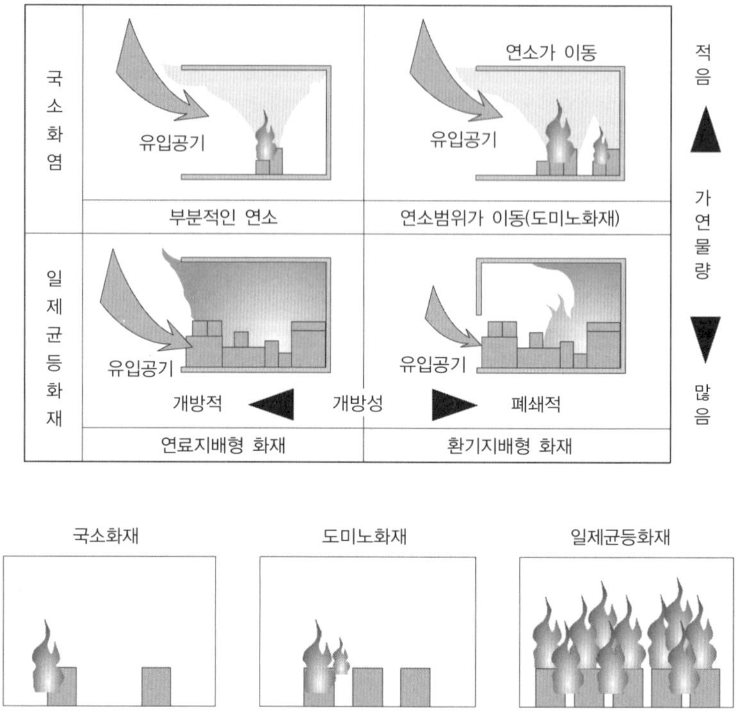

- 국소화재 : 오피스의 출입구 홀과 같이, 가연물이 적고 크기가 큰 공간에서 소수의 한정된 가연물이 발화해서 다른 것에 번지는 종류의 화재.
- 도미노화재 : 가연물이 좁은 범위에 연속적으로 배치되어 있는 경우에 차례대로 번져가는 종류의 화재.
- 일제균등화재 : 실내의 가연물 전체에 번지는 종류의 화재. 건설성 고시 제1433호에 실내의 수납가연물의 단위바닥면적당의 발열량이 규정되어 있다. 단위는 [MJ/m^2]
- 환기지배형 : 폐쇄성이 높은 공간에서 화재가 발생한 경우, 문, 창문 등의 개구부의 틈새로부터 침입하는 공기의 양에 지배된 불완전연소 상태의 화재가 계속된다.

화재의 크기는 화재실의 개구부의 크기에 좌우된다.

• 연료지배형 : 개방성이 높을 공간에서 화재가 발생한 경우, 충분히 신선한 공기가 공급되어 외부에서 모닥불을 피우는 것 같은 완전연소가 일어난다. 화재의 크기는 화재실의 연료의 양에 좌우된다.

5. 화재가 퍼지는 형태

(1) 화염의 크기와 옮겨 붙음

가연물에 착화하면 열을 방출하면서 연소된다. 가연물이 좁은 범위에 연속적으로 배치되어 있으면, 방출되는 열에 의해 차례대로 옮겨 붙어 나간다. 넓은 범위에 가연물이 부분 부분 적재되어 있는 경우는 국소화재로 끝난다. 국소화재라는 것은, 「건축공간에서 방임된 화재가 자연진화되는 화재」, 「착과물 주변의 가연물의 연소로 종료하는 화재」, 「발견자가 초기소화 가능한 정도의 화재」 등이라고 하며, 방내화설계법에서는 국소화재의 크기를 표준화원(標準火源)으로서 설정하고 있다. 표준화원이라는 것은, 3명이 앉을 수 있는 소파 정도의 가연물이 연소했을 때의 화염의 크기로, 그림 2.12에 나

그림 2.12 국소화원(局所火源)의 모습

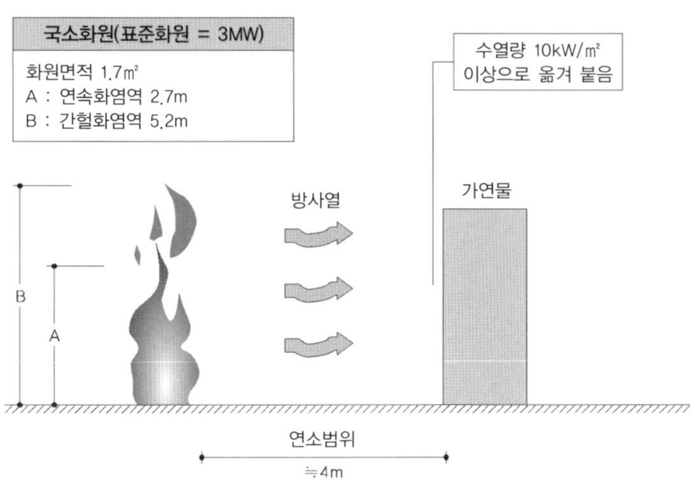

타내는 것과 같은 것이다. 이 화원(火源)에서 방사된 열에 의해 연소(延燒 : 옮겨 붙음)되는 범위는 약 4m 이내의 범위이다. 피난자가 받는 복사열의 안전 상한치는 약 2kW/㎡가 된다. 참고로, 여름철 맑은 날 태양으로부터의 복사열은 대략 1kW/㎡ 이다.

(2) 분출화염

가연물이 차례차례로 옮겨 붙어 가면 최종적으로 실내는 화염에 싸여 플래시오버가 되어 개구부에서 화염이 분출된다. 분출되는 화염은 상층과 인접건물에 연소되는 원인이 된다. 그림 2.13과 같은 형상의 개구부에서 분출되는 화염의 크기를 계산하면, 화염편(火炎片)은 화재층의 바닥면에서 5m 이상이나 솟아 올라, 그 범위에 가연물이 있으면 연소하게 된다.

그림 2.13 분출화염의 모습

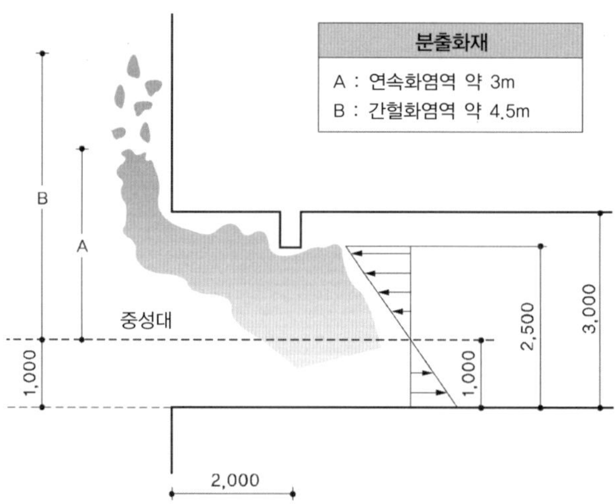

2.3.4 초기소화

1. 연소와 소화의 개념

연소란, 발열과 발광을 동반하는 급격한 화학(산화)반응으로, 타는 것과 산소와 온도의 세 가지 요소가 갖추어져서 발생하는 현상이다. 또한 연소를 확대시키는 현상에 연쇄반응이 있다. 그것은 연소과정에 있어서 떨어져 나온 수소이온과 수산화이온이 발생하여, 이것이 연쇄반응적인 연소라는 현상을 더 조장하여 확대해 간다고 생각되어지고 있다.

소화란 연소의 요소를 제거하는 것이다. 즉 타는 것을 제거한다. 온도를 낮춘다. 산소를 제거한다. 그리고 연쇄반응을 차단하는 것이다. 소화설비는 타는 것을 제거하는 것 이외의 세 가지 요소를 사용해서 구성되어 있다.

(1) 온도를 낮추는 소화방법(냉각소화)

일반적인 가연물의 착화온도는 150℃ 이상이다. 연소물을 냉각시켜 착화온도열을 흡수해서 증발시켜 증발할 때의 흡수열량으로 보다 냉각효과가 높아진다. 물 1ℓ 가 증발할 때에는 약 2,500J의 열을 흡수한다. 증발하면 약 1,600배 용적의 수증기로 되는데다가 냉각효과가 높아지게 된다. 수증기의 용적이 커짐에 따라 공기 중의 산소농도를 저하시키는 역할도 하기 때문에 소화의 효과는 더욱 높아진다.

(2) 산소를 제거하는 소화방법(질식소화)

연소에 필요한 산소를 제거한다는 것은 공기의 공급을 차단하는 것이다. 공기 중에는 통상 21% 정도의 산소가 포함되어 있다. 이 공기 중의 산소농도를 저하시키면 연소는 계속되지 않고 정지한다. 물질에 의해 다소 다르지만, 공기 중의 산소농도가 15% 이하가 되면 연소는 계속될 수 없다. 즉 공기 중의 산소농도를 15% 이하로 저하시키는 양의 이산화탄소 등을 화재실에 방출하면 진화하게 된다. 소화제로서 이산화탄소 이외에 할로겐화물, 질소 등이 사용된다.

또한 산소의 차단방법으로 불연성 포말로 가연물을 덮어 공기에 접촉되지 않게 하는 방법도 있다. 포말소화가 이 방법이다. 포말소화는 냉각효과도 같이 갖춘 방법이다.

(3) **연쇄반응을 차단하는 소화방법**

연소과정에서 발생하는 수소이온과 수산화이온은 연쇄반응적으로 연소를 확대시켜 간다. 이 이온을 잡아낼 수 있는 물질을 화재실에 방출하면 연쇄반응을 끊을 수 있게 되어 진화하게 된다. 연쇄반응을 끊는 소화제로서 할로겐화물, 분말소화제 등이 사용된다.

2. 화재의 종류와 적용소화방법

화재는 타는 것의 종류에 따라 몇 가지로 분류되고, 소화방법도 화재의 종류에 따라 달라진다. 표 2.13에 화재의 종류와 소화방법을 나타낸다.

표 2.13 화재의 종류[12)]와 적용소화방법

화재의 종류	화재의 내용	적용소화방법
일반화재(A급화재)	건축물 그 밖의 공작물 등의 일반 가연물의 화재	방수(放水)에 의한 냉각소화
유류화재(B급화재)	특수한 인화물 혹은 석유류 등의 액체 위험물의 화재	공기의 차단에 의한 소화와 방수에 의한 냉각소화
전기화재(C급화재)	변압기, 차단기, 배전반, 분전반 등의 전기설비의 화재	공기의 차단에 의한 소화
금속화재(D급화재)	금속류의 화재	공기의 차단에 의한 소화

12) 우리나라의 경우, 화재유형별 분류는 ① 건축, 구조물 화재 : 건축물, 구조물 또는 그 안의 물건이 탄 경우, ② 자동차, 철도차량 화재 : 자동차, 철도 및 견인되는 차량 또는 그 안의 물건이 탄 경우, ③ 위험물, 가스제조소 등 화재 : 위험물이나 가스를 제조, 저장, 취급하는 곳의 화재, ④ 임야화재 : 들불이나 산불 또는 건축물이 없는 야지에서의 화재, ⑤ 기타 화재 : 위에 해당하지 않는 모든 화재, 쓰레기 소각, 모닥불 등이 있다.
화재의 구분은 ① 일반화재(A급 화재) : 나무, 솜, 종이, 고무 등에 난 불이며, 타고난 후 재가 남는다. 물로 끌 수 있다. 분류색은 백색, ② 유류화재(B급 화재) : 기름, 타르, 페인트, 가스 등에 난 불이며 재가 남지 않는다. 가스의 경우 폭발을 동반하기도 한다. 물로 끌 수 없다. 분류색은 황색, ③ 전기화재(C급 화재) : 전기스파크, 단락, 과부화 등으로 전기에너지가 불로 전이되는 것이며 물로 끌 수 없고 분류색은 청색이다. ④ 금속화재(D급 화재) : 철분, 금속가루, 마그네슘, 칼륨, 나트륨에 붙은 불이며 물로 끌 경우 더 큰 위험을 초래할 수 있고 금속가루의 경우 폭발을 동반하기도 하며 분류색은 무색이다.

3. 소화설비의 종류

소화설비라는 것은 소방법 시행령 제7조 제2항에서 「물 그 밖의 소화제를 사용하여 소화를 행하는 기계기구 또는 설비」라고 정의되고, 이하의 10종류가 소화설비로서 규정되어 있다. 각각의 소화설비의 설치에 대해서는 소방법 시행령에 소화설비의 종류마다 건물용도, 건물규모에 따라 기준이 규정되어 있다.

① 소화기 및 간이소화기	⑤ 포말소화설비	⑨ 옥외소화전설비
② 옥내소화전설비	⑥ 이산화탄소소화설비	⑩ 동력소방펌프설비
③ 스프링클러설비	⑦ 할로겐화물소화설비	
④ 물분무소화설비	⑧ 분말소화설비	

4. 옥내소화전 설비

옥내소화전 설비는 초기화재의 단계에서 소화시키기 위해 건물 내에서 조직하는 자위소방대의 소방반 등에 의해 사용되는 설비이다. 옥내소화전의 조작은 정기적으로 훈련이 행해지는 것으로, 화재시의 적확한 조작이 가능하게 된다. 옥내소화전은 능력과 조작방법의 차이에 따라 몇 가지 종류로 나누어져 있다. 각각의 소화전의 능력과 특징을 표 2.14에, 구성도를 그림 2.14에 나타낸다.

표 2.14 옥내소화전의 종류

		1호소화전	쉬운 조작성 1호소화전	2호소화전	위험물시설용 소화전
설치대상	공장, 창고 등	최적	부적절	부적절	적절
	호텔, 병원 등	적절	최적	최적	적절
	상기 이외	적절	적절	적절	적절
	위험물 시설	부적절	부적절	부적절	최적
설치수평거리		반경25m로 포함	반경25m로 포함	반경15m로 포함	반경25m로 포함
방수량		130ℓ /min	130ℓ /min	60ℓ /min	260ℓ /min
조작에 필요한 인원수		2명 이상	1명이 조작 가능	1명이 조작 가능	2명 이상
특 징		15m의 호스 2개를 접어서 수납하고 있으므로 꺼내기 힘듦.	호스가 보형형(保形型)[13]이어서 꺼내기 용이.	호스의 구경이 작고 길이도 짧다. 호스는 보형형이어서 꺼내기 용이.	

그림 2.14 옥내소화전의 구성도

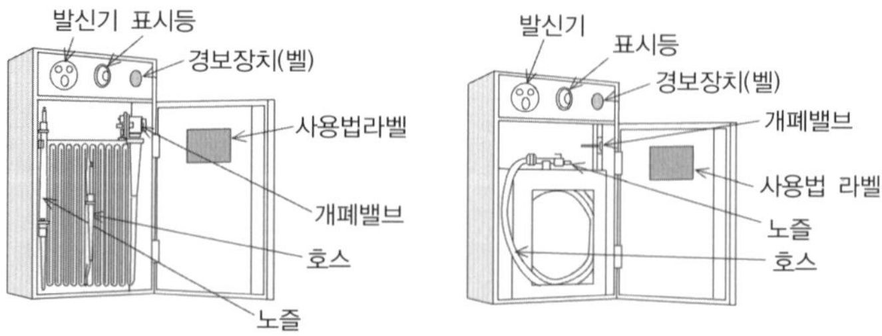

5. 스프링클러설비

스프링클러설비는 천장면 등에 부착한 스프링클러 헤드(그림 2.15)에서 자동적 또는 수동조작에 의해 살수하여 소화하는 방법이다. 스프링클러의 종류는 방수(放水)방법의 차이에 따라 ① 습식 스프링클러, ② 건식 스프링클러, ③ 예차동식(豫差動式) 스프링클러, ④ 개방식 스프링클러와 같은 4종류로 분류된다. 각각의 시스템 구성과 방수방법은 표 2.15에 따른다.

그림 2.15 스프링클러 헤드 여러 종류

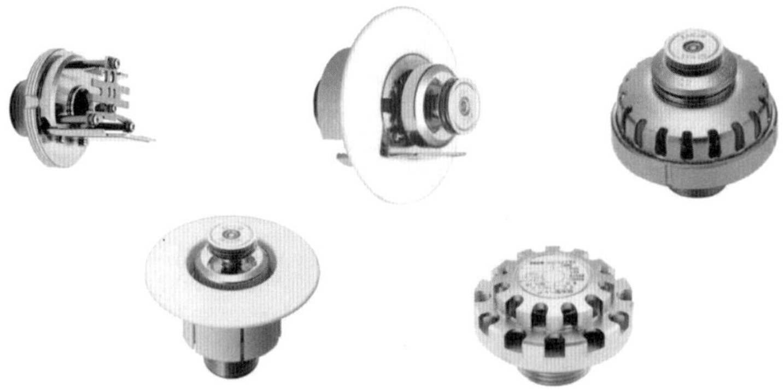

13) 보형형(保形型) : 형태(모양)를 유지하고 있는 타입

표 2.15 스프링클러설비 시스템

<table>
<tr>
<td rowspan="3">폐쇄식 스프링클러</td>
<td>① 습식</td>
<td>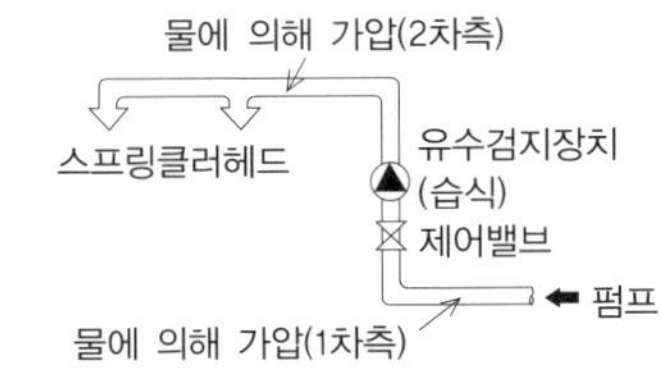
</td>
<td>배관 안은 항상 압력상태인 물이 충만해져 있어, 화재에 의해 스프링클러 헤드가 감열 개방함으로써 자동적으로 방수된다.</td>
</tr>
<tr>
<td>② 건식</td>
<td>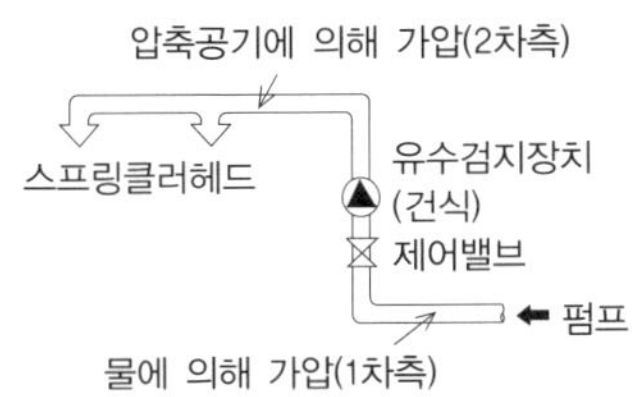
</td>
<td>배관 안의 물이 동결할 우려가 있는 한랭지 등에서 사용되는 방식으로 유수검지장치의 1차측 배관은 압력상태인 물이 충만하게 되고, 2차 측 배관은 압축공기가 들어 있다.
화재의 열에 의해 헤드가 작동하면 관 안의 압축공기가 빠져 압력이 저하되고 유수검지장치가 작동하여 1차 측의 물이 2차 측 배관에 유입되어 헤드로부터 자동적으로 방수된다.</td>
</tr>
<tr>
<td>③ 예차동식</td>
<td>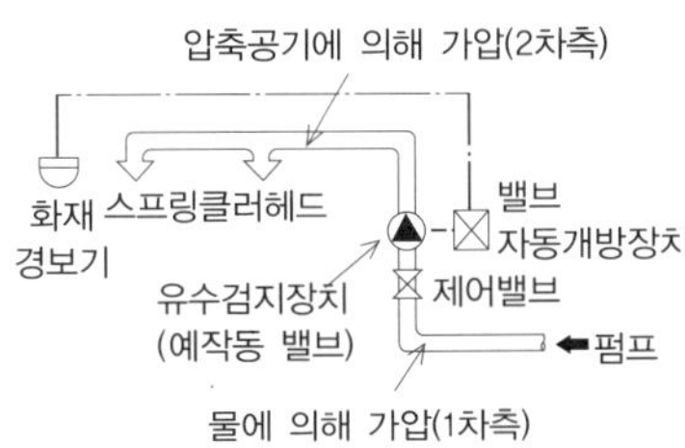
</td>
<td>시스템 구성은 건식과 같다.
유수검지장치의 차동(差動)은 화재감지기의 화재신호가 필요하게 되기 때문에, 헤드의 차동과 두 개의 차동으로 방수하는 더블인터록방식으로 되어 있다.
컴퓨터나 통신기계실 등은 물 피해가 없는 실에 설치한다.</td>
</tr>
<tr>
<td colspan="2">④ 개방식 스프링클러</td>
<td>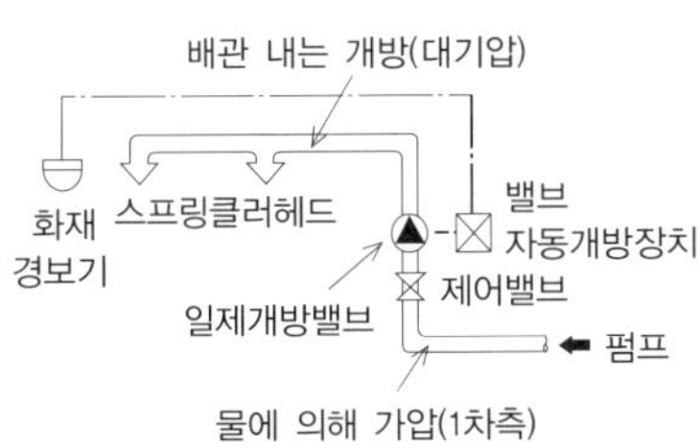
</td>
<td>건식과의 차이는 2차측 배관에 압축공기가 들어있지 않고 헤드가 개방되어 있는 점이다.
화재감지 화재신호에 의해 일제개방밸브가 자동적으로 개방하거나 또는 수동조작으로 일제개방밸브를 개방함으로써 방수된다.
방수구역을 동시에 일제 방수하는 것이 가능하므로 극장의 무대 등 천장이 높은 곳에 설치된다.</td>
</tr>
</table>

6. 포말소화설비

포말소화설비라는 것은 공기포말을 노즐에서 방출하여 가연물의 표면을 포말(거품)로 덮어 질식효과와 냉각효과를 같이 갖춘 소화방식이다. 소화용 포말은 화학반응에 의해 발생하는 화학포말과 소화약제와 물을 기계적으로 교반(攪拌)[14]시켜 발생하는 기계포말의 2종류가 있다. 포말소화설비로 이용되는 것은 기계포말이고, 화학포말은 소화기구에 이용된다.

포말소화설비는 물을 뿌리는 것만으로는 소화효과가 좋지 않은 주차장 등의 화재(기름화재 - B화재)에 설치한다. 포말소화설비의 종류에는 설치방식의 분류로는 고정식과 이동식, 방출방식의 분류로는 전역방출방식과 국소방출방식 및 이동식으로 나누어진다.

7. 가스계 소화설비

가스계 소화설비는 공기 중의 산소농도를 저하시킴으로써 연소를 정지시키는 질식효과와 연쇄반응 억제에 의한 소화이다.

가스계 소화제의 종류에는 아래와 같은 것이 있다.

① 이산화탄소

② 할로겐화물 소화제

③ 할로겐대체 소화제

[할로겐화물계] 트리플루오르메탄, 헵타플루오르프로판

[불활성가스계] 이너젠가스, 질소가스

④ 분말소화제

가스계 소화설비를 설치하는 방은 방수(放水)에 의한 손해가 커지는 전기실이나 컴퓨터실 및 기계식 주차장 등에 적합한 소화설비이다.

가스계 소화설비의 설치실은 폐쇄공간이 되지 않으면 안 된다. 방호구획으로 개구부에는 자동폐쇄장치를 설치해야 한다. 가스계 소화설비는 질식효

---

14) 교반(攪拌) : 휘저음, 섞음.

과가 있는데다가 인체에 유해한 가스도 있기 때문에 방출 시에 보안대책에 주의를 요한다. 방호구획은 불연재의 바닥, 벽 및 천장에 의해 둘러싸여 있는 부분으로, 개구부는 자동폐쇄장치가 달린 불연문으로 하지 않으면 안 된다.

| 할로겐화물 소화설비에 대해서 | 프론에 의한 오존층 파괴에 관한 몬트리올 의정서(1993년)의 결과, 특정 할론의 생산이 중지되었다. 소방법 규정의 할로겐화물소화제는 이 특정 할론에 포함된다. 하지만, 오랜 기간 소화제로서 사용되어 왔기 때문에 많은 건물에 배관설비되어 있다. 현재는 할론뱅크추진협의회에 의해 할로겐화물소화제를 일괄관리해서 신규 사용의 억제 등을 시행하고 있다. 할로겐화물소화제를 대신하는 단일소화제는 아직 발견되어 있지 않지만 대체소화제로서 몇 가지 종류가 시판되고 있다.

2.3.5 연기제어

1. 연기제어계획의 필요성

주택화재 이외의 화재에 있어 사상자 중의 많은 경우는 연기에 의한 중독이 원인이다. 화재층보다 위층에서 사상자가 많이 나오는 것은 연기의 확산에 의한 것이다. 발화실에서 새어나온 연기는 복도를 따라 퍼지고, 계단실과 엘리베이터샤프트 등의 종혈(수혈 : 竪穴)에 침투해 간다. 연기는 부력이 크기 때문에 일단 종혈구획에 침투한 연기는 연돌효과에 의해 맹렬한 기세로 위층에 퍼진다. 연돌효과라는 것은 화재실이 아궁이이고 종혈공간이 굴뚝이 되는 것과 같은 현상을 말한다. 이처럼 화재실에서 새어나온 연기는 피난경로와 일치되어 퍼지게 된다. 연기가 퍼지는 경로를 연기확산경로라고 말한다. 또한 최근의 건물과 가구·사무기기는 타게 되면, 독성·자극성이 강한 생성물을 방출하는 것이 많으므로, 연기제어는 피난안전대책의 중요한 포인트이다. 연기제어에는 (1) 연기를 배출한다, (2) 연기를 가둔다,

(3) 연기를 모아둔다, (4) 연기를 근접시키지 않는다, (5) 연기를 연하게 만든다 등의 방법이 있다.

2. 연기제어의 방법

(1) 연기를 배출한다

연기를 배출하는 방법은 법령에 규정되는 자연배연과 기계배연의 2종류가 있고, 또한 기계배연에는 흡인형(吸引型)과 압출형(押出型)이 있다(그림 2.16). 압출형은 제2종 배연으로 건설성고시제1437호에 규정되어 있다. 제2종 배연의 자세한 사항은 제2편 2.2절을 참조하도록 한다.

그림 2.16 연기를 배출하는 방법

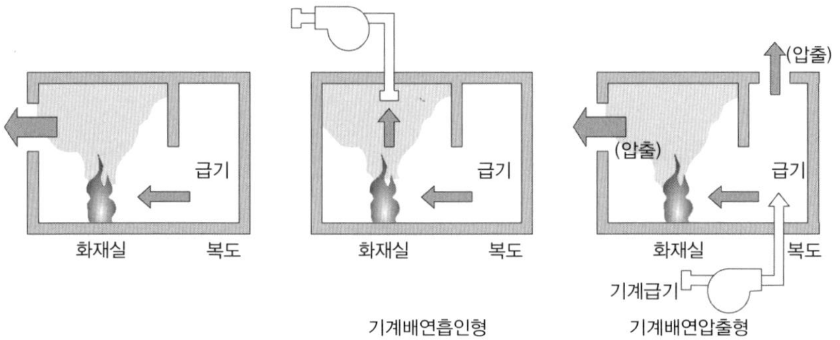

a. 자연배연
b. 기계배연

(2) 연기를 가둔다

연기를 어느 범위를 넘어서 퍼지지 않도록 어느 일정범위에 가두는 방법이다. 천장면의 방연수직벽으로 연기의 확산을 방지하는 방법과 화재실에서 연기가 새어나가지 않도록 가두어두는 방법으로, 구획화에 의한 연기제어이다. 방의 구획화(방연)는 불연재료의 칸막이 벽으로 둘러싸고, 문은 자동폐식으로 차연성능이 있는 불연문으로 한다.

(3) 연기를 모은다

천장높이가 높은 공간에서는 연기를 배출하지 않아도 공간 상부에 연기를 모으는 것만으로 피난의 장해가 되지 않는 경우가 있다. 이 방법이 축연(蓄煙)에 의한 연기제어이다. 이 방식은 법령에 규정되는 것이 아니기 때문에 피난안전검증에 따라 법령에 정해지는 배연설비의 설치규정을 적용하는 것에서 제외시키지 않으면 안 된다. 자세한 사항은 제2편 2.1절을 참조하도록 한다.

(4) 연기를 근접시키지 않는다

복도나 특별피난계단이 있는 방 및 계단실 등의 피난경로가 되는 공간에 기계력으로 밖의 공기를 급기함으로써 압력을 높여 화재실에서 연기의 침입을 방지하는 방법으로, 가압방연(加壓防煙)이라고 불리는 연기제어이다. 자세한 사항은 제2편 2.3절을 참조하도록 한다.

(5) 연기를 연하게 한다

연기가 어느 정도 존재하거나 또는 연기에 폭로되어도, 연기의 농도, 온도가 낮고 피난이나 소방활동에 지장이 없는 경우가 있다. 천장높이가 높은 공간에서 연기가 발생하면 연기가 상승하는 과정에서 공기와 섞이게 되어 자연적으로 희석된다. 연기의 농도, 온도에 의한 안전성의 평가는 피난안전검증(루트C)에 의하는 것이다.

특별피난계단이 있는 방과 비상용 엘리베이터 승강로비의 배연방식에서는, 작은 공간에 대량의 기계배연과 급기를 설치함으로써 강제적으로 희석시키는 방식으로 법령에 규정되어 있다.

3. 연기의 동태

통상적으로 천장이 높은 방에서 화재가 발생하면, 연기는 천장에 빨려들어가 달라붙는 듯이 층을 만들어 퍼져나간다. 연기가 공기와 분리되어 2개층을 형성하고 있는 상태인데, 이러한 상태를 2층존이라고 하여, 방연수직벽에 의한 연기확산방지의 효과가 크다. 평면방향으로 퍼지는 연기의 속도는 피난보행속도와 거의 비슷하다.

연기는 퍼져나가는 과정에서 천장과 벽 등에 열을 빼앗기고 공기와 섞이게 되어 점차 냉각되어 부력을 잃어간다. 배연구의 설치기준에 수평거리 30m 이내에 설치라고 되어 있는 것은, 이러한 부력을 잃은 연기는 배연효과가 나빠진다고 하기 때문이다.

천장높이가 높은 공간 내에서는 연기가 상승하는 과정에서 공기와 섞여 팽창하고 냉각되기 때문에 연기하강은 통상의 천장높이의 공간보다 훨씬 빨라진다. 연기가 종혈구획에 침입하면 공기와 혼합하여 공간전체가 연기에 휩싸인 것 같은 상태가 된다. 이러한 상태를 1층존이라고 하고, 연기의 확산상태는 건물 내의 압력분포에 영향을 받는다.

그림 2.17은 상층 천장까지 트인 구조공간 내의 기저부에서 발화한 경우의 연기의 움직임이다. 급기구의 면적과 배연구의 면적의 크기에 따라 중성대(中性帶)의 위치는 바뀌고, 중성대보다 아랫부분에서는 급기압, 중성대보다 윗부분에서는 배기압이 걸리게 되는 것을 알 수 있다.

그림 2.17 건물 내의 압력분포

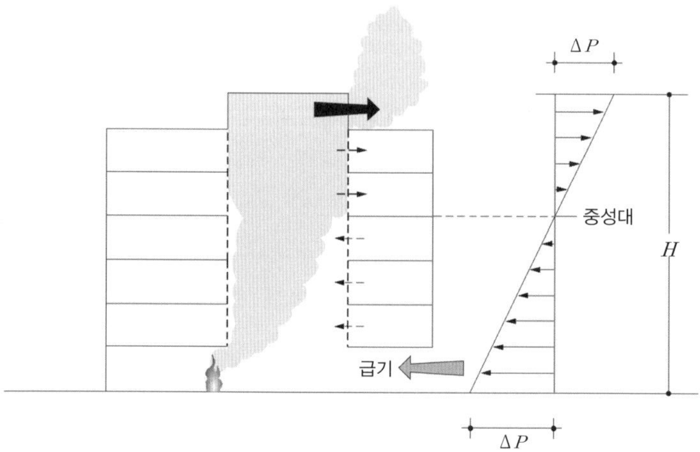

4. 자연배연의 개요

자연배연은 연기의 부력을 이용하여 천장면과 벽면에 설치된 개구부로부터 연기를 외부에 배출하는 방식이다.

연기의 흐름에 맞도록 배연구를 분산배치하면 신뢰성이 높은 배연설비가 된다. 하지만 ① 연기의 흐름을 의도적으로 제어할 수가 없다, ② 급기경로가 없으면 배연효율이 나빠진다, ③ 연기의 온도가 낮은 상태에서는 배연효과가 나쁘다, ④ 외부 바람의 영향을 받기 쉽다, ⑤ 건물 전체의 압력분포에 따라서는 배연구가 급기경로가 되어 버리는 등의 단점을 가지는 방식이다.

5. 기계배연의 개요와 배연덕트(duct) 계통

발생한 연기를 기계력에 의해 강제적으로 외부에 배출함과 동시에 연기 발생실을 감압시키기 때문에 다른 공간에의 연기확산방지의 성능을 같이 갖춘 방식이다.

앞에 기술한 자연배연의 단점이 보완된 성능을 가지는 셈이다. 하지만 연기의 온도가 높아지면 배연덕트의 방화댐퍼가 폐쇄되어 버리는 결점을 가진다. 방화댐퍼 폐쇄의 온도는 280℃이다. 자연배연의 경우는 연기의 온도가 상승할수록 배연효과는 올라간다.

기계배연설비를 계획할 때는 공간의 크기, 용도, 관리구분 등의 조닝에 맞춘 계통분류를 생각할 필요가 있다. 1덕트 계통 중에 방연구획 면적이 극단적으로 다른 것이 존재하면, 소구획실의 배연 시에 풍량이 과대하게 되어 문의 개폐장해가 발생할 위험성이 있다. 이러한 경우에는 그림 2.18과 같이 소구획실이 되는 A, B, C실을 합쳐서 배연하는 등의 대책이 필요하게 된다.

그림 2.18 기계배연구의 개방방법

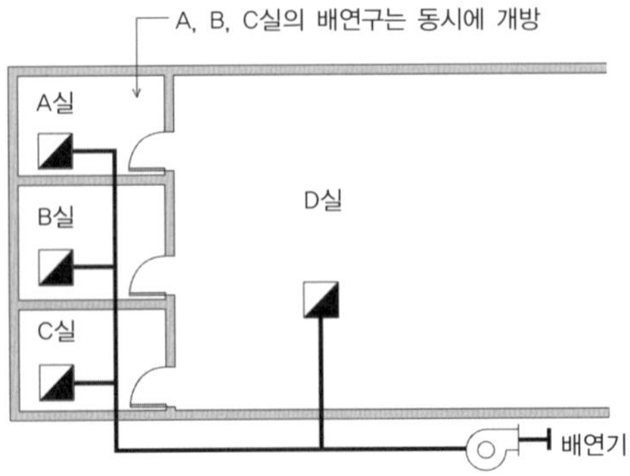

6. 안전구획의 방배연(防排煙)

안전구획이란 피난자를 일시적으로 화염과 연기로부터 지켜주는 공간을 말하며, 복도, 계단 앞방, 특별피난계단 설치실 등이 안전구획이 된다. 피난경로상에서의 순서에 의해 제1차, 제2차 안전구획 등으로 부르고, 피난상 중요한 것일수록 차수가 높아진다.

안전구획의 배연설비는 화재실에서 새어나온 연기를 배출하는 것을 목적으로 설치된다. 연기는 약간의 틈새로부터 퍼져나가기 때문에, 안전구획으로서의 성능을 유지하기 위해서는 문 등의 개구부의 차연성능과 새어나온 연기가 피난에 지장 없이 배출될 필요가 있다.

(1) 안전구획에 자연배연을 설치한 경우

가능한 한 피난방향과는 반대방법으로 배연구를 설치하여 계단입구 부근에 급기구를 설치하는 것이 바람직하다. 자연배연구를 분산배치하는 경우에는 계단입구 부근에 수동개방장치를 설치하고 한 군데의 수동개방장치의 조작에서 모든 배연구가 개방되게 된다.

(2) **안전구획의 기계배연을 설치한 경우**

화재실의 연기층 온도는 빠른 시간에 고온(280℃)에 달해 배연덕트의 방화댐퍼는 폐쇄되어 버린다. 그 후 문의 틈새를 통해 연기는 복도(안전구획)로 새어나와 퍼져나간다. 복도의 배연 계통은 그림 2.19와 같이 방 계통과는 분리해서 장시간 운전 가능한 계통으로 함으로써 화재실에서 새어나온 연기의 확산방지를 도모하고, 피난과 소방활동에 지장을 초래하지 않는 대책이 된다. 그림 2.20은 사무실에서 발화되었을 때의 연기온도 상승의 양상을 시뮬레이션 한 것이다. 발화 후 약 2, 3분으로 방화댐퍼는 폐쇄되어 버린다.

그림 2.19 복도(안전구획)의 기계배연 계통

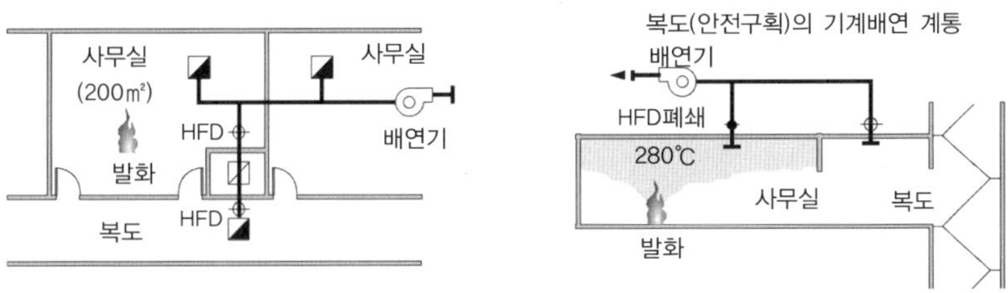

그림 2.20 화재실의 연기층 온도상승 양상

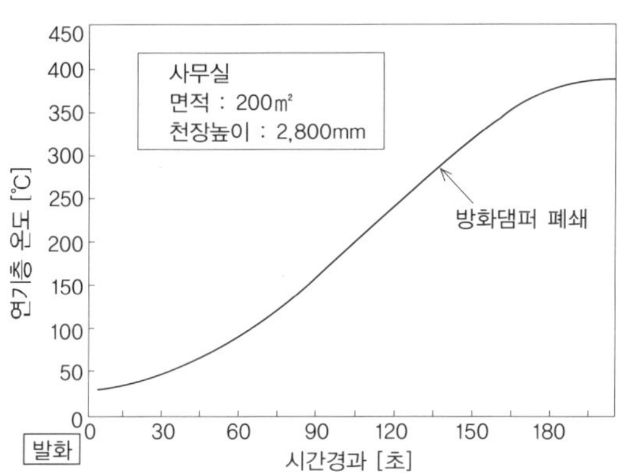

7. 안전한 배연덕트워크

앞서 기술한 소구획의 배연이나 안전구획의 배연방법 이외에도 방화구획이 많은 공간의 배연덕트 대책에는 주의가 필요하다. 배연덕트가 방화구획을 관통할 때마다 함부로 방화댐퍼를 설치한다면 유사시에 기능하지 않을 위험성이 있다. 그래서 그림 2.21과 같이 내화피복을 하여 방화댐퍼의 설치는 최소한으로 한다. 주방 등의 방화구획실의 댐퍼는 말단부만 하는 것 등의 대책을 한다.

그림 2.21 방화구획이 많은 공간의 배연덕트

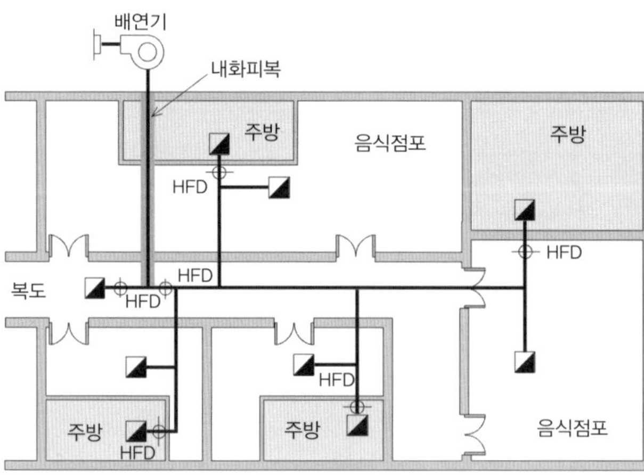

8. 차연성능(遮煙性能)

화재실에서 발생한 연기는 개구부(문 등)를 통해서 복도, 계단실로 퍼져나간다. 개구부로 이어진 방-복도-계단실을 연기전파경로라고 말하고, 개구부의 성능에 따라 연기의 확산 양상이 달라진다. 연기의 확산을 방지하는 개구부의 성능으로서 차연성능이 있다. 이것은 방화구획을 형성하는 개구부(방화설비)의 균열이나 틈새에서 연기를 통과시키지 않는 성능으로, 개구부의 전후에 차압이 발생했을 때의 누기량을 기준치로 하고 있다. 그림

2.22에 차연의 위치와 성능을 나타낸다.

그림 2.22 차연의 위치와 성능

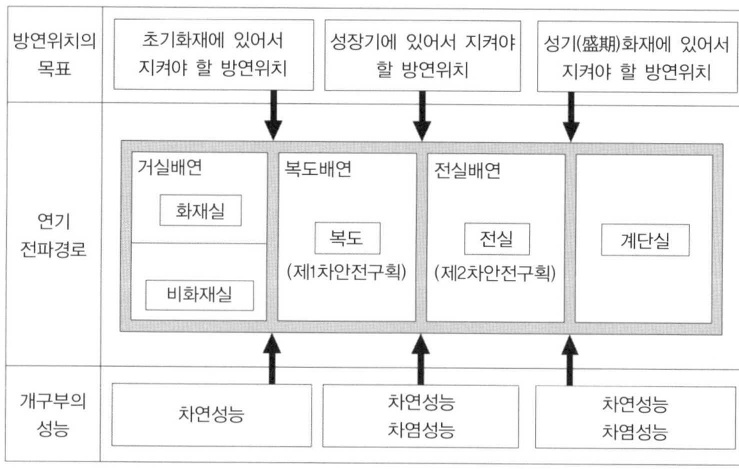

2.3.6 피난

1. 피난계획의 구상

피난계획이란 건물에 있는 사람의 특성에 배려하여 명확하고 알기 쉬운 피난경로를 배치하는 것이다. 건물에 있는 사람의 특성이란 호텔과 같이 취침객이 있는 시설, 병원과 같이 자력으로 피난이 곤란한 사람이 있는 시설, 불특정다수의 사람이 이용하는 시설 등에 체재하는 피난자의 특성으로, 이들 시설에서는 재해시의 신속한 피난은 어려워서 계획 시에는 하드웨어, 소프트웨어 양면에 있어 피난안전의 배려가 필요하게 된다.

피난은 보다 안전한 장소에 보다 신속하게 피하는 행위로, 화재실에서의 방피난, 화재층에서의 층 피난, 그리고 전관 피난의 3단계로 나누어진다. 피난안전은 3단계 전부에 있어 단순명쾌하고 알기 쉬운 2개 방향피난과 피난경로의 방화방연대책을 계획하는 것이다.

2. 피난의 조닝

피난은 건물에 있는 사람이 상시 이용하는 공간, 방화구획의 공간, 동일 용도의 공간, 보안공간, 관리형태가 동일한 공간 등 어떤 한정된 공간에서 완결시키는 것이 바람직하다. 이와 같이 피난조닝마다의 피난동선을 확보하는 것은, 결과적으로 균형 있는 피난계단의 분산배치로 이어지게 된다.

3. 안전구획의 형성

화재층에서의 피난은, 화재실 → 복도 → 부속실 → 계단실 순으로 한다. 일반적으로 복도를 제1차안전구획, 부속실을 제2차안전구획이라고 하며, 피난에 중요한 것일수록 차수가 높아진다. 안전구획이란 피난행동 중 피난자를 화연(火煙)으로부터 보호해줌과 동시에 계단실로의 연기의 전파를 방지하는 역할을 하는 공간이다. 그림 2.23에 안전구획의 형성을 제시한다.

그림 2.23 안전구획의 형성

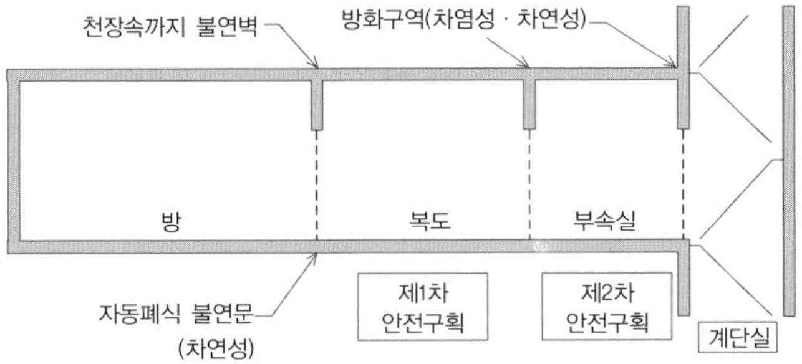

안전구획은 계단실에 유입되기까지 피난자가 일시적으로 체류하는 공간이므로 피난자의 인원수에 맞추어 체류에 유효한 넓이를 확보하지 않으면 안 된다.

안전구획의 성능은 ① 피난계단에 유효하게 접속되어 있다, ② 불연재료 이상의 방화성능을 가진 칸막이 벽으로 구획하고, 안전구획에 접한 개구부는 자동폐식 차연성능이 있는 문으로 한다, ③ 배연설비가 설치되어 있다

등과 같은 3개의 요건을 만족시키지 않으면 안 된다.

안전구획(복도)의 배연설비는 발화실에서 새어나온 연기를 배출하고, 비발화에서 나오는 피난자의 안전을 확보하기 위한 것이고, 또한 계단실에 연기가 유입되는 것을 방지하기 위한 것이기도 하다. 따라서 안전구획의 배연설비는 화재시에 확실하게 기동되고 장시간 작동되지 않으면 안 된다.

4. 수직피난과 수평피난

방재계획상의 피난에는 계단에 의해 종방향으로 피난하는 수직피난과 방화구획으로 된 인접한 비발화 공간에 일시적으로 피난하는 수평피난이 있다. 수평피난은 불특정다수의 사람들이 이용하는 대규모 물판점포, 계단피난이 곤란한 의료복지시설, 화재인지가 늦어지고 뒤늦은 피난으로 인한 위험성이 있는 호텔 등의 취침시설 등에 유효한 피난방법이다. 그림 2.24에 수직피난과 수평피난의 구상을 나타낸다.

그림 2.24 수직피난과 수평피난

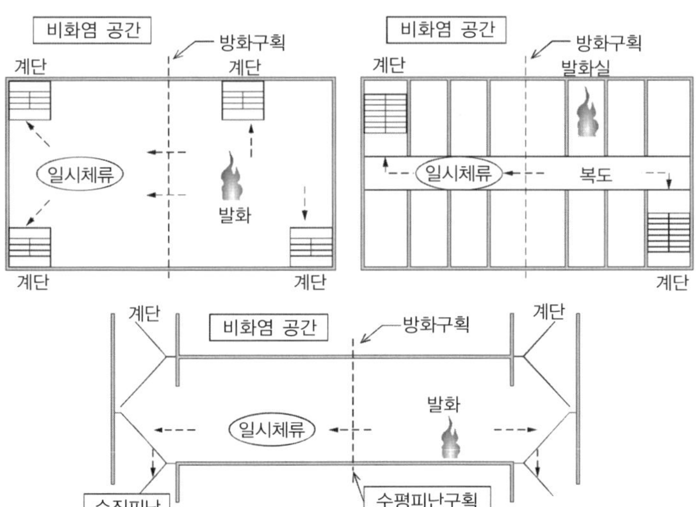

5. 재해약자의 피난

하트빌딩법(고령자, 신체장애인 등이 원활하게 이용할 수 있는 특정건축물의 건축의 촉진에 관한 법률)의 시행에 의해 유니버설디자인은 일반적인 것이 되어, 고령자와 신체장애인에 대한 일상적인 행동에 대한 배려는 점차 침투되고 있다. 하지만 재해시의 피난행동에 대해 유효하게 연결되고 있다고는 생각하기 힘들다. 운동능력, 판단능력이 떨어지는 사람들은 보통 건물에도 많이 체재하고 있다. 병원과 복지시설에는 자력피난 곤란자도 수용하

표 2.16 재해약자에 대한 배려

피난방법	대 응
① 휠체어 피난	휠체어 통행에 필요한 넓이를 확보하고 단차(턱)를 해소한다. 휠체어를 방치할 공간을 확보해서 다른 피난자에게 지장이 없도록 한다. 휠체어의 대기·방치 공간은 1대당 약 1.1㎡(1.2m x 0.9m)로 한다.
② 일시피난 체류공간	초고층 건물과 의료복지시설에서는 단숨에 외부까지 피난하는 것이 곤란한 경우가 많다. 그 때문에, 피난경로 도중 또는 도중의 층에 일시적으로 체류하는 공간의 확보가 요구된다. 체류공간은 체류상정인수 1명당 약 1.0㎡ 정도를 확보한다.
③ 수평피난구획	병원, 호텔, 공동주택 등과 같이 취침시설에서는, 자력피난 곤란자에 대한 대책과 뒤늦게 피난하는 사람에 대한 대책으로서, 피난경로 방화구획에서 분할하고 비화재 공간에 도달한 시점에서 일시적인 피난이 완료되도록 대책을 세운다. 피난경로를 방화구획에서 분할함으로써 연기의 확산도 최소한으로 막을 수 있다. 대형물판점포에서는 매장 내의 방화구획을 수평피난구획으로 이용한다. 많은 인원수의 피난자가 계단에 집중하는 것은 혼란으로 이어지므로, 일시적인 인접구획에 피하는 것으로 안정된 피난이 가능하게 된다.
④ 발코니 피난	병원, 호텔, 공동주택 등의 취침시설에서는 뒤늦은 피난 등으로 정규 피난경로를 이용할 수 없는 경우, 발코니는 매우 유효한 피난시설이 된다. 발코니의 형상은 계단까지 연속되거나, 또는 비화재 공간(수평피난구획)에 이를 수 있는 구조가 되는 것이 바람직하다.
⑤ 농성구획	병원의 수술실, ICU 및 CCU 등의 환자는 움직일 수 없기 때문에 피난하기보다는 방에 들어서 나오지 않는다는 구상을 한다. 이러한 방에 있어서는 내부에서의 발화방지를 철저히 하고 다른 부분으로부터의 화재의 영향을 받지 않는 구조로 한다.
⑥ 유아 피난	사무소 빌딩과 상업시설 중에 유아를 맡기는 시설이 설치되는 경우가 있다. 유아의 경우는 피난이라고 하기보다 일시보호공간을 설치하게 된다. 일시보호공간은 계단과 직결시켜 방화구획을 한 방으로, 면적은 유아의 수에 따라 설정한다.

고 있다. 이러한 재해약자의 피난·구조방법에 대해서는 표 2.16에 나타내듯이 건축·설피의 하드웨어적인 면의 계획뿐만 아니라, 소프트웨어적인 편의 운용에 대해서도 갖가지 배려가 필요하게 된다.

6. 피난유도 시스템

건축계획에서 피난경로를 설정한 것이 실제 건물에 있어 유효한 피난경로로써 기능을 하는지 어떤지는 피난유도 시스템에 달려있는 경우가 많은데, 건물의 공간특성과 피난자 특성을 고려한 것이어야 한다. 특수한 피난유도 시스템의 종류와 특성은 표 2.17에 의한다.

표 2.17 피난유도 시스템의 종류와 특성

종류	특성
a. 고휘도 유도등 	유도등의 표시면의 휘도(輝度)를 높임으로써 유도등의 크기를 소형화하고 있다.
b. 점멸형 유도등 	자동화재경보설비로부터 발신된 화재신호를 수신하여, 키세논램프, 백열전구 또는 형광램프를 점멸시키는 장치를 유도등기구에 내장, 또는 부착해 두었다. 점멸형 유도등은 피난구 유도등에 한정되어 있다.
c. 유도음장치부착 유도등 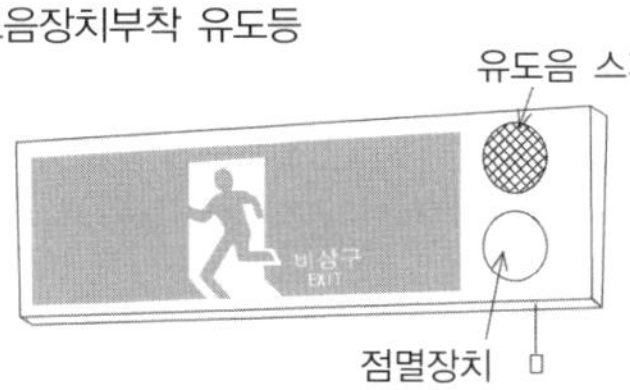	자동화재경보설비에서 발신되는 화재신호를 수신해서, 피난구의 소재를 표시하기 위해 경보음 및 음성을 반복 발생시키는 장치를 유도등기구에 내장, 또는 부착해 두었다. 유도음장치부착 유도등은 피난구 유도등에 한정되어 있다.
d. 광점주행식 피난유도 시스템 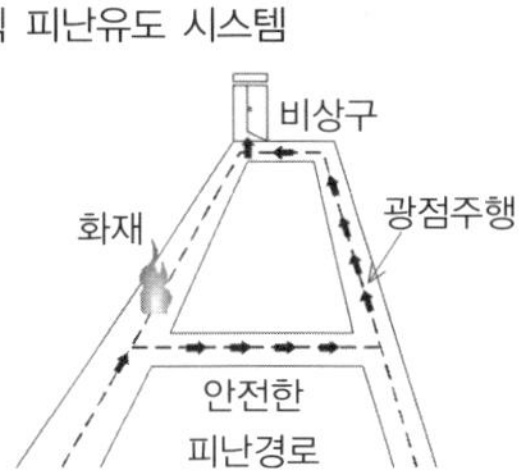	피난경로의 바닥면에 일정간격으로 심어 둔 녹색 광원이 자동화재경보설비에서 발신된 화재신호에 의해 안전한 피난방향을 검출해서 그 피난방향을 따라 피난출구까지 빛이 흘러가듯이 점멸한다.

(계속)

<table>
<tr><td>e. 선행음효과(해스트효과)를 이용한 피난유도시스템
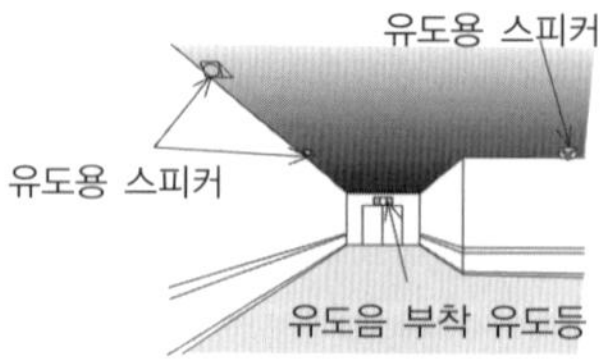
</td><td>피난경로의 천장면에 5~10m 간격으로 스피커를 부착하여 스피커 사이에 음성의 시간차를 가지도록 하는 것으로, 안전한 출구에서 순차적으로 음성이 발생하여, 마치 그 출구의 방향에서 들리는 듯이 한 것.</td></tr>
</table>

2.3.7 내화

1. 내화설계의 구상

내화설계란 건물 내의 연소[15]확대 방지와 구체[16]의 붕괴방지를 목표로 하는 설계이다. 연소확대 방지를 구획설계, 붕괴방지를 구조내화설계라고 하고, 합쳐서 내화설계라고 한다. 구획부재(部材)에는 바닥과 벽이 있고, 가구[17]부재에는 기둥과 보가 있어, 서로 도와주는 형태로 각각의 역학을 다하고 있다. 구획부재가 연소를 방지하고, 가구 전체가 화재의 영향을 받지 않도록 하는 설계를 함으로써 건물의 구조부재가 불안정하게 되는 것을 방지한다.

2. 연소성상과 내화

화재가 계속되면 실내의 가연물이 일제히 연소하는 플래시오버가 일어나 화재실의 온도는 급상승해서 창문 등의 개구부에서 화염을 분출하게 되는 상태가 된다. 플래시오버가 일어나면 화재실의 온도는 1,000℃씩이나 올라가게 되어, 그 열은 건축 각 부위에 대량으로 침입한다. 그 결과 벽, 바닥 등의 구획부재가 파손되거나 기둥, 보 등의 가구부재의 내력이 저하되거나 한다.

15) 연소(延燒) : 불이 옮겨 붙음.
16) 구체(軀體) : 건물의 뼈대, 구조.
17) 가구(架構) : 낱낱의 재료를 조립하여 만든 구조물. ≒가구물(架構物).

화재실의 온도는 연소에 의해 발생하는 열과 개구부(창문 등)와 주변의 벽, 천장, 바닥 등으로부터 외부에 방출되는 열의 밸런스에 의해 정해진다. 즉, 화재의 강도는 가연물의 양과 공간의 개방성에 의해 정해진다. 표 2.18에 공간형상과 방의 용도에 따른 화재의 강도의 예를 제시한다.

표 2.18 방의 공간형상과 용도에 따른 화재의 강도

공간형상	용 도	화재의 강도
창문이 있는 일반적인 방	사무용	화재실의 온도는 상당히 높아진다.
개구부가 극단적으로 적은 방	창고	산소의 공급이 없기 때문에 연소가 완만하게 되고 온도는 비교적 낮지만 화재시간이 길어진다.
개방적인 방	아트리움	열은 재빠르게 외부에 방출되기 때문에 화재온도는 낮다.

내화건축물의 주요구조부에 요구되는 성능은 건축기준법시행령 제107조에 규정되고, 비손상성(非損傷性)과 차열성(遮熱性) 및 차염성(遮炎性)의 세 가지이다.

비손상성이란 화재 시에 구조내력상의 지장이 되는 변형, 용융(溶融), 파괴 등의 손상과 과잉한 온도상승에 의한 내력저하를 일으키지 않는 성능이다.

차열성이란 벽, 바닥 등의 구획부재의 어느 면으로부터 가열받았을 때 반대 측의 표면에 접촉하고 있는 가연물의 착화를 막는 성능으로, 옮겨 붙

표 2.19 주요구조부에 필요한 성능

필요한 성능	주요구조부 부분						
	외벽	칸막이 벽	기둥	보	바닥	계단	지붕
옥내화재에 대한 비손상성	(○)	(○)	○	○	○	○	○
옥내화재에 대한 차염성	○						○
옥내화재에 대한 차열성		○			○		
옥회화재에 대한 비손상성	(○)						
옥외화재에 대한 차열성	○						

○ : 필요, (○) : 내력벽만 필요, 무표 : 반드시 필요하지는 않음

는 것(연소 : 延燒)을 방지하는 성능이다.

차염성이란 한쪽 면에서 화재를 입었을 때 반대 측 면에 화재를 관통시키는 균열 등이 발생하지 않게 하는 것으로 연소 방지의 성능이다.

주요구조부의 필요한 성능을 표 2.19에 정리한다.

3. 요구내화시간

건축기준법 시행령 107조에, 각부에 필요한 성능의 수준은 그림 2.25에 나타낸 것과 같이 보통 화재에 견뎌야 하는 시간으로 규정되어 있다. 보통 화재라는 것은 실무상으로는 ISO 834에서 정의되는 표준화재를 상정하고 있다. 그림 2.26에 ISO 834의 표준화재 온도곡선을 나타낸다.

그림 2.25 주요구조부의 각 부위에 필요한 성능

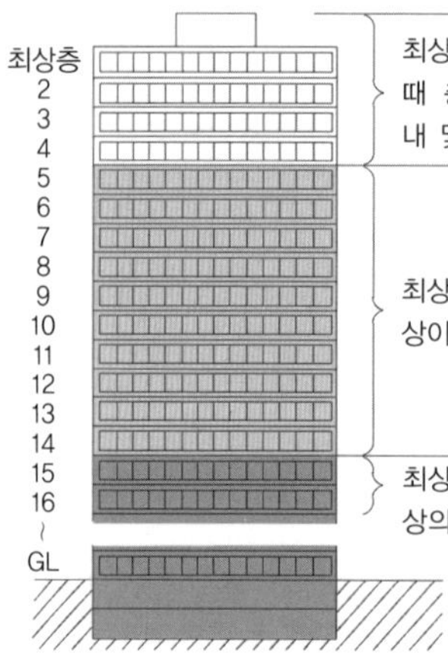

	기둥, 보	바닥, 내력벽
최상층 및 최상층에서 셀 때 층수가 2 이상이고 4 이내 및 옥상부분	1시간	1시간
최상층에서 센 층수가 5 이상이고 14 이내의 층	2시간	2시간
최상층에서 센 층수가 15 이상의 층(지하도 포함)	3시간	3시간

그림 2.26 통상의 화재(ISO 834 표준화재온도 곡선)

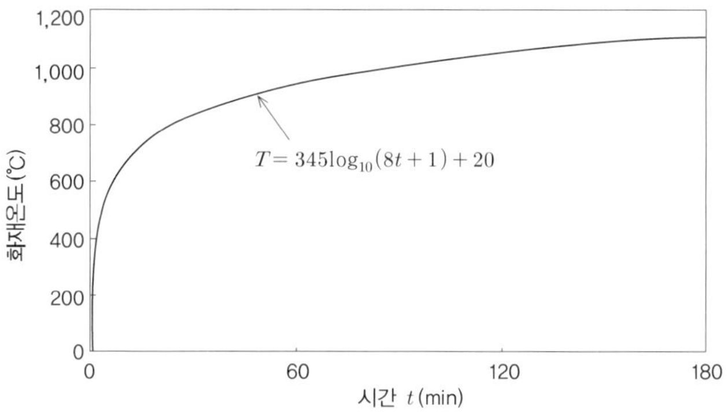

2.3.8 소방 · 구조

1. 소방 · 구조활동

방재계획에 있어 소방·구조활동에서 배려해야 할 점은 소방대 진입의 용이함과 소방활동의 원활한 실행이다. 소방·구조활동은 피해의 경감과 인명 구조에 있어 매우 중요한 요소이다.

소방대의 진입은 부지 내의 진입, 건물 내의 진입, 방재센터에의 진입, 화재층에의 진입이 있고, 각각의 진입경로의 형상과 구조에는 충분한 배려가 필요함과 동시에 관할소방기관의 의향도 반영하지 않으면 안 된다.

2. 소방·구조활동에 관련되는 설비항목

소방·구조활동에 필요한 설비 등을 표 2.20에 정리한다.

표 2.20 소방·구조활동에 관련되는 설비 등의 설치기준

항 목	설치기준
소방활동 공터	관할소방기관의 지도
소방용수리	관할소방기관의 지도
소방용수	소방법시행령 제27조
비상용 진입구	건축기준법 시행령 제126조의 6
비상용 엘리베이터	건축기준법 시행령 제129조의 13의 2, 영 제129조의 13의 3
방재센터	화재예방조례 등
배연설비	소방법시행령 제28조
연결살수설비	소방법 시행령 제28조의 2
연결송수관	소방법시행령 제29조
비상용 콘센트설비	소방법시행령 제29조의 2
무선통신보조설비	소방법시행령 제29조의 3
비상전화	소방법시행규칙 제25조의 2
긴급이착륙장, 긴급구조용 스페이스	관할소방기관의 기준, 항공법

2.3.9 관할운영

1. 관리운영의 구상

화재에 의한 대참사의 원인에는 반드시 유지관리운영 면의 결함이 보인다. 방재계획에서 시행된 대책이 언제라도 정상적으로 그 기능을 발휘될 수 있기 위해서는 맨머신 시스템이 유효하게 기능해야 한다. 맨머신 시스템이란 화재예방 및 화재발생 시에 방재설비를 효과적으로 사용하기 위한 사람과 건물 및 설비에 의해 조직된 방재시스템이다. 맨머신 시스템을 확실하게 기능시키기 위한 관리운영은 통상 방재센터를 중심으로 행해진다.

2. 방재센터와 중앙관리실

1960년대에 출현한 가스미가세키빌딩 등의 초고층 건축물 등의 대규모적

인 건축물의 출현은, 화재 등의 재해가 발행한 경우, 인명의 위험과 소방활동의 곤란함이 염려되어 소방용 설비 등을 집중관리하기 위해 방재센터가 설치되게 되었다. 현행에서는 화재예방조례 등에서 설치기준, 구조 및 기능 등이 규정되어 있다.(표 2.21)

표 2.21 방재센터의 설치기준과 구조

【도쿄도 화재예방조례 제55조의 2의 2】	
설치 기준	① 소방법시행령 별표 제1(1)~(4)항, (5)항 가, (6)항,(9)항 가, (16)항 가의 방화대상물 중 지하를 제외한 층수가 11 이상이며 총면적이 10,000㎡ 이상인 것 또는 지하를 제외한 층수가 5 이상이며 총면적이 20,000㎡ 이상인 것. ② 소방법시행령 별표 제1(16의 2)항의 방화대상물이며 총면적이 1,000㎡ 이상인 것. ③ 소방법시행령 별표 제1(5)항 나, (7)항, (8)항, (9)항 나(10)~(15)항, (16)항 나의 방화대상물 중, 지하를 제외한 층이 15 이상이고 총면적이 30,000㎡ 이상인 것.
구조	① 피난층, 그 직상층 또는 직하층에서 외부에서 출입이 용이한 위치에 설치할 것. ② 소방활동의 거점으로 유효한 넓이(대략 40~50㎡)를 갖출 것. ③ 내화구조, 방화구획, 냉난방설비, 비상용조명 등의 대책

여기에서 주의하지 않으면 안 되는 것이 중앙관리실이다. 중앙관리실은 건축기준법에 의해 설치가 의무화 된 것으로, 중앙관리방식의 공기조화설비를 설치하는 경우와 비상용 엘리베이터를 설치하는 경우로 그 감시·제어를 행하는 방으로 되어 있다.

표 2.22 중앙관리실의 설치기준

【건축기준법 시행령 제20조의 2 제2호】
높이 31m를 넘는 건축물, 바닥면적이 1000㎡를 넘는 지하가에 설치하는 기계식 환기설비 및 중앙관리방식의 공기조화설비의 감시·제어는 중앙관리실에서 하지 않으면 안 된다.
【건축기준법 시행령 제129조의 13의 3 제7항】
비상용 엘리베이터의 감시·제어는 중앙관리실에서 하지 않으면 안 된다.

방재센터는 중앙관리실에 소방 현장지휘본부의 기능을 부가한 것으로 자리매김한다는 것으로, 일반적으로는 방재센터와 중앙관리실과는 같은 방에 설치된다. 또한 법적으로 방재센터와 중앙관리실의 설치의무가 없는 건축물

의 경우에 있어서는 방재관리실 등의 명칭으로 운용되고 있다.

3. 유지보전, 보고, 검사 등 및 정기점검보고

건축물의 방화대책 시스템에는 화재발생시 등의 비상시에 적확하게 작동하기 위한 유지보전과 점검제도가 법령으로 규정되어 있다. 건축기준법에서는 유지보전(법 제8조) 및 보고·검사 등(법 제12조)으로, 소방법에서는 소방용설비 등의 점검 및 보고(법 제17조의 3의 3)로 규정되어 있다. 방재설비 등의 유지보전은 법령에서 규정되어 있는 것 이외에 표 2.23에 나타내는 것과 같이 관계단체·협회 등에서 유지보전의 매뉴얼이 작성되고 있다.

표 2.23 유지보전에 관계하는 단체·협회

단체·협회명	유지보전의 대책
(사)건축·설비유지보전추진협회	건축, 설비의 유지보전
(재)일본건축설비·승강기센터	건축설비의 정기검사, 보고
(재)일본건축방재협회	특수건축물의 정기검사
(재)일본소방설비안전센터	소방용설비 등의 점검
(사)일본화재경보기공업회	자동화재경보설비의 보수점검
(사)일본 셔터·문 협회	방화셔터, 방화문의 보수점검
(사)일본소화장치공업회	소화설비의 보수점검
(사)일본소방펌프협회	소화설비의 보수점검
일본누전화재경보기공업회	누전화재경보설비의 보수점검
(사)전자정보기술산업협회	비상방송설비의 보수점검
(사)일본조명기구공업회	유도등, 비상조명의 보수점검
(사)일본내연력발전설비협회	자가발전기설비의 보수점검
(사)전지공업회	축전지의 보수점검
일본 방배연공업회	배연설비의 보수점검

4. 방화관리자

소방용설비 등의 구조 및 설비를 적법상태에서 유지관리하기 위해서 소방법 제8조에, 건축물(방화대상물)의 소유자와 차용인 등은 방화관리자를 선임하지 않으면 안 된다고 규정되어 있다. 방화관리자는 방화관리의 조직을 만들어 소화·통보·피난 등의 훈련, 소방용설비 등의 점검 등을 하지 않으면 안 된다. 방화관리조직의 체계를 그림 2.27에 나타낸다.

소방법 제8조에 방재관리자의 선임이 규정되어 있다. 그 내용은 「학교, 병원, 공장, 사업장, 흥행장, 백화점, 복합용도 방화대상물, 그 밖의 다수의 사람이 출입하고 근무하고, 또는 거주하는 방화대상물에 대해서 소방계획의 작성, 소화·통보·피난 등의 훈련, 소방용설비 등의 점검 및 정비를 해야 한다.」라고 되어 있다.

그림 2.27 방화관리조직의 체계

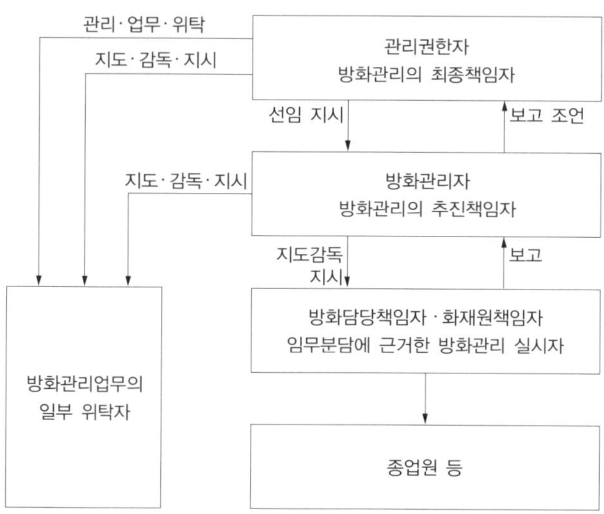

5. 자위소방조직

화재 발생 시에, 초기소화 및 피난 등을 효과적으로 하기 위해서는 자위소방대를 조직하지 않으면 안 된다. 자위소방대의 조직에 대해서는 화재예방조례 등에 정해져 있다. 그림 2.28에 자위소방대의 편성안을 나타낸다.

자위소방대의 조직 【도쿄도 화재예방조례 제55조의 5로부터】

① 소방법시행령 별표 제1 (16의 2)항의 방화대상물 중에서 총 면적이 3,000㎡ 이상의 것.

② 동 별표 제1 (5)항 가의 방화대상물 중에서 총 면적이 3,000㎡ 이상의 것.

③ 동 별표 제1 (2) 또는 (3)항의 방화대상물 중에서 총 면적이 3,000㎡ 이상, 그리고 수용인이 300명 이상의 것.

④ 동 별표 제1 (4) 또는 (12)항의 방화대상물 중에서 총 면적이 5,000㎡ 이상의 것.

⑤ 동 별표 제1 (1)항의 방화대상물 중에서 총면적이 10,000㎡ 이상의 것

⑥ 동 별표 제1 (13)항 가의 방화대상물 중에서 총면적이 10,000㎡ 이상의 것

⑦ 동 별표 제1 (6)항 가의 방화대상물 중에서 총면적이 10,000㎡ 이상의 것

⑧ 동 별표 제1 (15)항의 방화대상물 중에서 총면적이 30,000㎡ 이상의 것

그림 2.28 자위소방대의 편성안

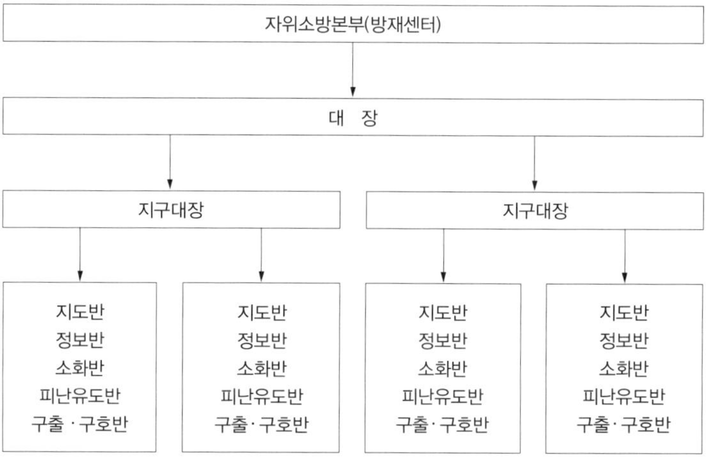

제 2 편

건축방재계획의 수립방법

제1장 용도별 방재계획의 수립방법

1.1 사무소 빌딩

1.1.1 사무소 빌딩 화재의 실태

사무소 빌딩의 화재사례를 표 1.1에, 발화원인을 그림 1.1에 나타낸다.

표 1.1 사무소 빌딩의 화재사례

년	소재지	개 요	사상자[명]
1979	도쿄	8층 건물 오피스빌딩 4층에서 단선된 복사기 코드가 과열되어 종이쓰레기에 착화. 6㎡ 소실되어 손상됨	5
1983	오사카	4층 건물 오피스빌딩 2층에서 발화하여 전소	0
1987	도쿄	증권회사 영업부에서 발화, 2~4층 태움	0
1988	가가와	RC조(造)[18]일부 3층건 물 오피스빌딩 급탕실[19] 부근에서 발화. 1,2층 200㎡ 소실되어 손상됨	1
1994	도쿄	오피스빌딩 지하에서 배기용 덕트의 일부가 연소. 연기가 충만하여 통풍구로부터 밖으로 새어나감. 400명 피난	0
1994	도쿄	13층 건물 오피스빌딩 3층에서 발화. 3~5층 100㎡ 소실되어 손상됨	0
1996	도쿄	택시회사에서 발화, 철근구조 3층 건물 사무실빌딩 3층의 수면실 20㎡ 소실되어 손상됨	2

(특정비영리활동 법인 재해정보센터 데이터베이스에서)

18) RC조 : 철근콘크리트구조의 약자, RC(Reinforced-Concrete).
19) 급탕실 : 차를 마실 수 있도록 끓인 물을 공급하는 방.

그림 1.1 사무소빌딩 화재의 발화원인

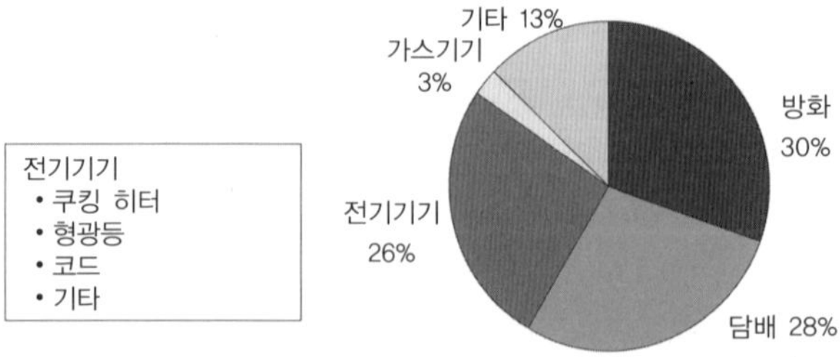

도쿄소방청 감수 : 화재의 실태, (재)도쿄방재지도협회(1996)에서

1.1.2 방화계획의 수립방법

1. 방재계획의 포인트

사무소빌딩은 이용형태와 피난동선이 명확하고 특정소수의 사람이 사용한다는 특성을 가지는 시설이다. 이들의 특성은 평면적인 방재계획에 있어서는 별 문제가 없다고 할 수 있지만, 다양화·다기능화 함에 따른 형태의 변화는 종래의 사무소빌딩의 형태와는 다른 양상을 보이고 있는 곳도 있어 방재계획에 미치는 영향은 적지 않다. 더욱이 고층 사무소빌딩에서는 전관의 피난시간의 증가와 상층에의 연기 확산이라는 종방형 방재대책을 생각할 필요가 있다.

사무소빌딩은 각 층의 단위면적 당의 재관인수[20]는 적지만, 고층화되면 피난인수가 적층되기 때문에 전관의 피난시간이 2~3시간이 되는 경우도 있다. 사무소빌딩은 피난계단의 설치가 2개인 경우가 많아 다용도시설의 계단수와 비교하면 피난인수 당의 계단수는 가장 적다고 말할 수 있다. 최근의 경향으로, 사무소빌딩에 대학이 들어가는 예도 있는데, 이러한 경우에는 피난인수가 증가하고 피난시간이 더욱 길어지기 때문에 입주 테넌트(tenant)마다 유연한 피난계단배치 계획이 요구된다.

---

20) 재관인수(在館人數) : 건물에 있는 사람 수

평면계획으로는 테넌트의 용도마다, 테넌트 분할 나눔 벽마다의 피난계획을 세워 2방향 피난의 확보 등을 테넌트에 대한 임대기준 등으로 명문화하는 것이 요구된다. 방재계획의 포인트는 테넌트 분할마다의 피난계획과 종방향의 피난계획이다.

2. 코어 타입에 의한 피난계획

사무소빌딩을 계획할 때는 계단, 엘리베이터, 화장실, 설비샤프트 등을 모은 코어 설비계획이 구조와 렌터블비 등에 영향을 미침과 동시에 코어 타입은 피난계획을 세우는데 있어서도 중요한 의미를 가진다. 그것은 사무실내로부터 2방향 피난과 보행거리(영 제120조) 및 중복거리(영 제121조 제3항)의 규정에 영향을 주기 때문이다.

테넌트 분할의 나눔 벽과 사무실 내의 나눔 벽의 형태에 따라 보행거리와 중복거리의 규정이 저촉되어 버리는 것과 같은 사용에 있어서의 문제가 발견되기도 한다. 방재계획에는 200㎡를 넘는 사무실에는 2방향의 피난문을 설치하는 것이 요구된다. 중복거리의 규정은 피난상 유효한 발코니를 설치하는 것으로 적용에서 제외된다.

표 1.2에 대표적인 코어 타입과 피난경로의 문제점을 나타낸다.

표 1.2 사무소빌딩의 코어 타입마다의 피난계획

① 센터 코어 코어복도의 형태에 따라서는 테넌트 분할 시에 (*)표시 사무실의 2방향 피난과 중복거리 확보를 위해 오피스 내에 복도를 연장하지 않으면 안 되는 경우도 있다.	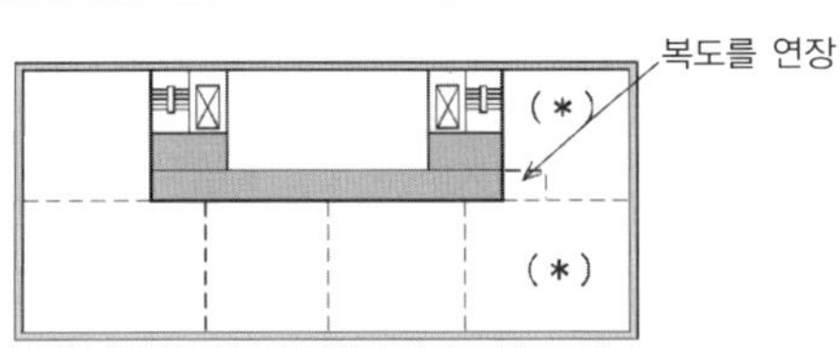
② 더블 코어 분할 테넌트 대응 시의 중간복도를 안전구획으로 하기 때문에 복도간의 나눔 벽은 천장 속까지 올라가게 할 필요가 있다. 2방향 피난과 중복거리에 관해서는 문제가 없다.	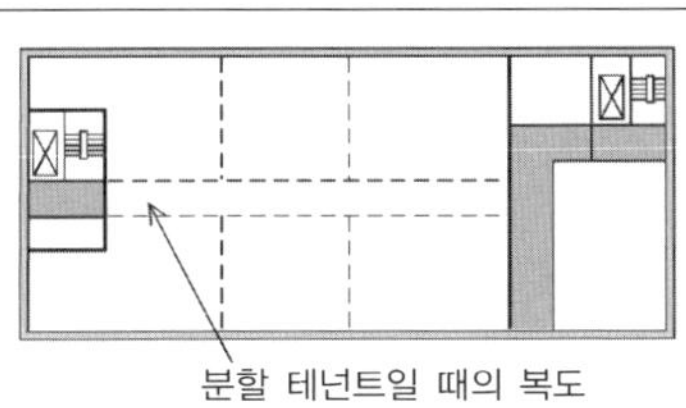

3. 사무실 내의 보행거리와 중복거리

보행거리와 중복거리의 산정방법에 명확한 기준은 없기 때문에, 그 판단은 확인신청기관의 건축주사에게 맡겨져 있는 곳이 많다. 그림 1.2에 산정 방법의 일례를 나타낸다.

그림 1.2 사무실 내의 중복거리의 산정 예

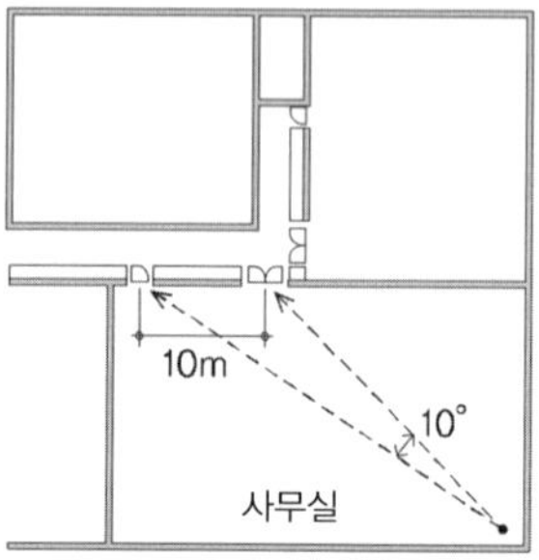

중복거리 대응의 2곳의 문은 다음의 2개의 대책 중 어느 하나로 한다.
① 2곳의 문은 10m 이상 떨어지게 한다.
② 실내의 각 위치에서 10° 이상 떨어진 각도의 범위로 한다.

테넌트 사무소빌딩 등에서, 운용 시에 나눔 벽 변경이 행해지면 보행거리와 중복거리를 완전히 무시해서 사용하게 되는 경우가 있다. 사무실 내의 나눔 벽 변경은 확인신청이 발생하지 않는 행위이기는 하지만, 경미한 변경내용이라도 법령의 규정에 따른 운용을 하도록 노력하지 않으면 안 된다. 건물관리자는 테넌트에 대한 임대기준 등을 명확히 하여 상시 법령에 따른 유지관리가 필요하다.

사무실의 피난문의 수와 위치의 설정에는

① 보행거리의 규정에 의한 설정(계단실까지 50m 이하)
② 중복거리의 규정에 의한 설정(상기의 보행거리의 1/2 이하)
③ 방재계획상의 설정(200m²를 넘는 방에 있어서는 2방향의 피난출구를 설치할 것)
④ 피난계산 또는 피난 안전검증에 의한 설정 등이 있다.

4. 시큐리티 시스템과 피난경로

사무소빌딩의 시큐리티 시스템에 있어 출입구 관리는 표 1.3과 같이 IC 카드나 바이오매트릭스 기술을 활용하는 등 고도의 기계경비 시스템을 채용하는 건물이 늘고 있다. 시큐리티 레벨이 높아지면 계단실에 이르기까지 몇 개씩이나 되는 시큐리티 게이트를 통과하지 않으면 안 되거나 소방활동 시 건물 내에의 진입이 곤란하거나 하는 경우도 있다. 시큐리티 시스템은 자동화재경보설비와 연동하여 OFF가 되게 하는 것과 비상시에 시스템 파탄의 위험성이 없는 백업시스템을 갖추는 등의 대책을 강구하지 않으면 안 된다.

표 1.3 사무소빌딩의 시큐리티 레벨과 시스템의 예

레벨	장 소	시스템
레벨1	부지내	포인트 경비(문, 게이트), 인적경비, 각종 센서
레벨2	엔트런스 홀, 복도, 계단실, 엘리베이터 홀	야간 포인트 경비, 인적경비, 각종 센서
레벨3	일반사무실	IC카드 리더, 전기자물쇠, 적외선 센서
레벨4	이사실, 자료실	IC카드 리더, 전기자물쇠, 감시카메라, 적외선센서, 인적경비
레벨5	데이터 관계실, 중요 제실	IC카드 리더, 바이오매트릭스 인증장치, 전기자물쇠, 감시카메라, 적외선센서, 인적경비

5. 고층빌딩의 연기 확산

고층빌딩에서 가장 무서운 것은 연돌효과에 의한 연기 확산이다. 연돌효과라는 것은 화염실이 아궁이가 되고 계단실이나 엘리베이터 샤프트가 굴뚝이 되는 상태를 말하여, 이러한 상태가 되면 계단실과 엘리베이터 샤프트 등의 종혈〈수혈(竪穴)〉[21]에 연기가 빨려 들어가 맹렬한 기세로 상방향으로 확산된다. 연기가 계단실에 유입되게 되면 피난퇴로는 단절되어 버려 소방

21) 종혈(수혈(竪穴)) : 수직으로 된 구멍

대의 진입에도 지장을 초래한다. 화재층보다 위층에서 사망자가 많이 발생하는 것은 위층에 확산된 연기에 의한 중독사가 원인이라고 한다.

연돌효과의 무서움을 발견한 것은, 1993년에 발생한 뉴욕 월드트레이드센터 빌딩(WTC)의 폭파사고이다. 폭파라는 특수한 조건하이긴 하지만, 지하2층 주차장에서 발생한 연기는 순식간에 고층계에 확산되어 피난과 소방활동에 큰 방해가 되었다.(그림 1.3)

연돌효과에 의한 연기 확산을 방지하는 가장 유효한 방책으로는 가압방연 시스템이다. 일본의 고층 사무소빌딩에서는 많은 곳에서 이 시스템을 채용하고 있다. 가압방연 시스템에 대해서는 제2편 2.3절을 참조해 주기 바란다.

그림 1.3 고층 사무소빌딩의 연기 확산

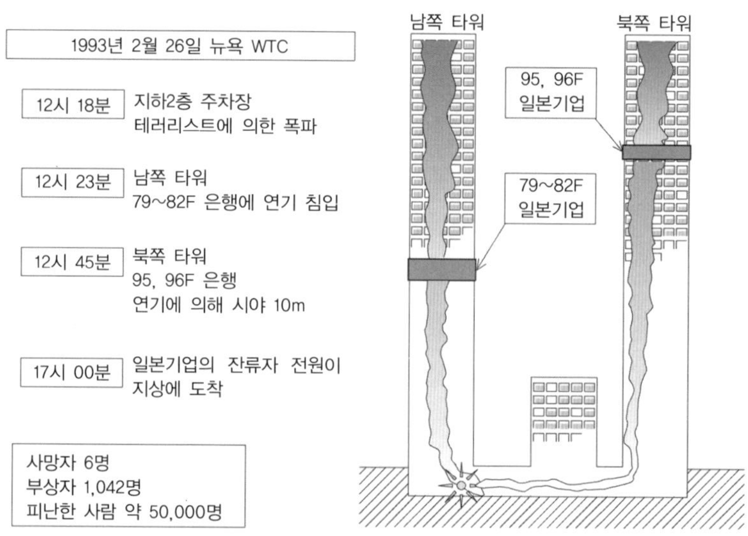

1.1.3 피난안전검증의 이용

1. 피난안전검증의 내용

사무소빌딩에 피난안전검증을 적용하는 예는 많다. 그것은 이용형태, 피난자수, 피난자 특성 및 피난경로가 명확하기 때문에 피난안전의 성능을 확인하기 쉬운 점과, 고층 사무소빌딩에서는 성능설계를 함으로써 디자인 메리트와 코스트 메리트의 효과가 현저히 나타나기 때문이다. 더욱이 건물운용 시에 있어서도 성능설계의 유지보전은 용이하다.

성능설계의 설계루트는 저층의 자사빌딩에서는 루트B를, 고층의 테넌트빌딩에서는 루트C를 채용하고 있는 예가 많다. 최근의 저층 자사건물의 오피스공간은 천장높이가 높고 칸막이 벽이 적은 큰 방으로 이용되는 경향이 있다. 이러한 공간형태에서는 배연설비의 설치가 없어도 충분히 안전성이 확인된다. 고층 사무소빌딩에서는 여러 가지 테넌트 나눔 벽 형태, 이용형태의 유연한 대응이 요구되기 때문에 컴퓨터 시뮬레이션에 의한 고도의 검증(루트C)을 하여, 실제 화재상황을 상정하여 갖가지 나눔 벽 형태, 이용형태에 대응할 필요가 있다.

사무소빌딩에 있어 피난안전검증을 적용한 경우의 일반적인 적용제외 항목을 아래에 나타낸다.

| 층 피난안전검증의 경우 |

a. 보행거리(영 제120조)
b. 배연설비의 설치와 구조(영 제126조의 2, 영 제126조의 3)

| 전관피난안전검증의 경우 |

a. 보행거리(영 제120조)
b. 고층구획(영 제112조 제5항)
c. 종혈구획(영 제112조 제9항)
d. 이종용도구획(영 제112조 제13항)
e. 특별피난계단 설치실의 구조(영 제123조 제3항)
f. 배연설비의 설치와 구조(영 제126조의 2, 영 제126조의 3)

2. 피난안전검증을 이용한 경우의 계획내용과 효과

표 1.4에 피난안전검증의 계획내용과 효과를 나타낸다.

표 1.4 피난안전검증의 계획내용과 효과

적용제외 항목	계획내용과 효과
피난시설	• 보행거리의 규정을 적용제외 직통계단까지의 보행거리가 규정수치를 넘을 수 있게 된다. 중복거리의 규정은 적용제외가 안 되므로 2방향 피난은 확실하게 확보하지 않으면 안 된다(피난발코니를 설치한 경우는 중복거리의 규정은 적용되지 않는다. • 피난계단, 특별피난계단 구조의 규정을 적용제외 특별피난계단 설치실의 배연설비의 능력저감 또는 배연 없음이 가능하게 된다. 설치실의 설치는 적용제외가 안 되므로 설치실의 설치는 반드시 설치되어야 한다.
방화구획	• 고층구획의 규정을 적용에서 제외 11층 이상의 층을 포함해서, 전관1500㎡(스프링클러 설치로 3,000㎡) 이하의 면적구획이 된다. 이 경우 내장제한의 규정도 적용제외가 된다. • 종혈구획의 규정을 적용제외 오피스 엔트런스 주변이 위가 뚫린 구조의 공간, 사무실내 위에 뚫린 공간, 엘리베이터 샤프트 등의 종혈구획 철폐가 가능하게 된다. 종혈구획 내의 면적은 면적구획의 규정을 넘을 수는 없다. • 이종용도구획의 규정을 적용제외 오피스 엔트런스 주변의 커피숍이나 편의점 등을 배치하는 경우에는 방화구획으로 만들지 않는 것도 가능하다. 피난층에 있어서의 계단실에서 옥외까지의 피난경로는 방화구획으로 만든 복도 설치가 필요하게 된다.
배연설비	• 배연설비 설치의 규정을 적용제외 각 방에 배연설비를 설치하지 않는 것이 가능하다. • 배연설비 구조의 규정을 적용제외 배연구획 면적은 최대 1,500㎡까지 확대된다. 상세한 연기 시뮬레이션(루트C)을 시행하는 것으로, 방연구획면적은 3,000㎡까지 확대할 수 있다. 자연배연의 개구면적은 저감, 기계배연의 풍량의 저감이 가능. • 특별피난계단 설치실 배연설비의 적용제외 특별피난계단 설치실의 배연설비의 능력저감 또는 설치 없음이 가능하게 된다. 비상용 엘리베이터 승강 로비 겸용 설치실의 경우는 성능설계의 적용이 불가하기 때문에, 사양규정에 준한 종래의 배연방식 또는 제2종 배연방식의 설치가 필요하게 된다. • 배연설비 면제의 고시(건설성 고시 제1436호)가 적용제외가 되므로 31m를 넘는 층의 배연 미설치실의 방화구획이 없어진다.

3. 성능설계의 예

(1) 건물개요

사무소빌딩의 예로서, 미쯔이 타워의 건축개요를 표 1.5에 나타낸다.

표 1.5 미쯔이 타워의 건물개요

건물명칭	미쯔이 타워
건물개요	• 장 소 : 도쿄 · 니혼바시 • 용 도 : 사무소, 호텔, 점포 • 총바닥면적 : 약 192,000㎡ • 층 수 : B4F ~ 38F • 구 조 : S, SRC, RC
설계루트	전관피난안전검증, 내화성능 검증(루트C) 장관인정 : 2003년 6월
설계자	(주)일본 설계

(2) 성능설계의 개요

사무실층은 기준층 면적 약 3,100㎡의 더블코어 타입이 된다. 그림 1.4는 기준층 평면이다.

그림 1.4 미쯔이 타워/사무실 기준층 평면도

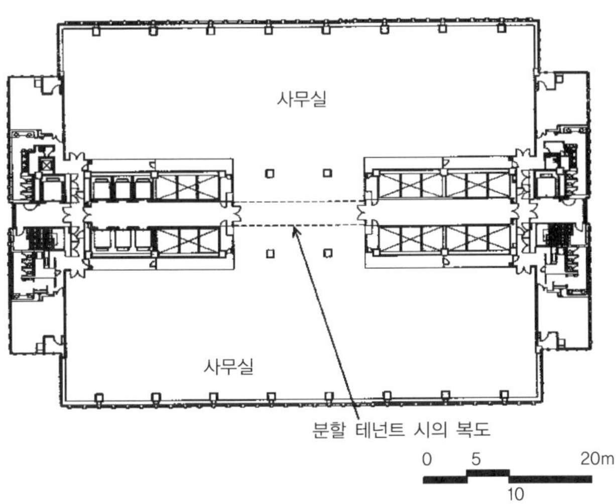

피난계획으로는 대형실 사용의 경우와 분할 사용의 2가지의 사용에 있어, 2방향 피난이 가능한 형태로 되어 있다.

사무소 용도 층의 범위에서는 방화구획(고층구획·종혈구획·이종용도구획) 및 배연설비 규정을 적용제외시키고 있다.

전관피난안전검증에 의한 사무실 층의 성능설계의 계획내용은 ① 방화구획면적은 11층 이상의 층도 포함하여 3,000㎡ 이하, ② 사무실 내 연결계단 등 위가 뚫려 있는 구조 주변의 구획을 철폐, ③ 오피스 엔트런스 주변의 숍 등의 이종용도의 구획 철폐, ④ 방연구획 면적은 3,000㎡ 이하, ⑤ 기계배연능력은 1㎡ 당 0.3㎥/min 등으로 되어있다.

방화구획과 방연구획의 면적을 일치시키는 것으로, 방연된 벽의 설치가 없어졌다. 복도는 방화구획으로서 방연설비의 능력은 사양규정에 준한 능력으로 하는 것으로 피난의 안전성을 높이고 있다.

사무실 층의 승강 로비 겸용 설치 실의 배연방식은 자연배연으로 하고 있다.

| 성능설계의 유지보전 | 건물운용 시의 성능설계 유지보전을 위해 피난검증 간이체크시트를 작성하여 칸막이 벽 변경 등에 대응하고 있다.

1.1.4 성능설계의 유지보전

1. 유지보전

건물의 화재안전은 방화피난관련시설의 일상적인 유지보전에 의해 달성할 수 있는 것이다. 특히 성능설계에 있어서의 유지보전은 적법성을 확인하는 의미에서도 필수가 된다. 건축기준법 제8조(유지보전)에는 [건축물의 소유자, 관리자 또는 건축물의 부지, 구조 및 건축설비를 상시 적법한 상태로 유지하도록 노력하지 않으면 안 된다.]라고 되어 있다.

2. 유지보전 방법

피난안전검증은 그림 1.5에 나타내듯이, 변경내용에 따라 결과에 영향을 주는 많은 파라미터가 관련되어 있기 때문에, 칸막이 벽 변경에 있어서는, 원칙적으로 파라미터 변경은 재검산이 필요하게 된다.

하지만, 칸막이 벽 변경 때마다 계산을 한다면 힘들어지게 된다. 예를 들면, 간단한 칸막이 벽의 변경의 경우는 그림 1.6과 같은 간이체크시트를 작성해서, 칸막이 벽의 변경 시마다 관리자가 체크해서 보존하는 것으로 적법성을 유지할 수 있게 된다.

그림 1.5 피난안전검증에 관련된 파라미터

그림 1.6 피난안전검증의 간이체크시트의 예

피난안전검증 · 간이체크시트 (예)

설계조건				변경내용									판정	비고
실명	천장높이 [mm]	내장	배연 방식 · 풍량	실명	면적 [㎡]	①천장높이 [mm]	②보행거리 [mm]	③중복거리 [m]	④내장	⑤배연 방식 · 풍량	⑥방내의 방의 면적비율	⑦피난문		
사무실	2,800	준불연	천장챔버 0.3㎥/min · ㎡	사무실	○○	2,800 [OK]	○○ [OK]	25 [OK]	사무실	천장챔버 0.3㎥/min · ㎡ [OK]	(※1) [OK]	(※2) [OK]	○	–

오른쪽 그림에 있어서, 사무실 A는 주실, 사무실 B, C는 부실(방 내의 방)이라 한다.

주실에서 화재가 발생하면 축연공간이 작고, 게다가 비화재실의 부실에서 피난자가 가산되어지므로, 연기 하강시간은 빠르고 피난시간이 길어진다고 하는 위험한 상태가 된다.

피난안전검증상, 방 내의 방(주실 · 부실)의 면적비율은 체크를 요한다.

$$\text{방 내의 방의 면적비율} = \frac{\text{사무실(B+C) 의 면적}}{\text{사무실(A+B+C)의 면적}} \times 100[\%]$$

(※1)

실명	면적	피난문 수	면적비율
사무실	~○㎡	0.8m × 3곳의 경우	○% 이하
		0.8m × 2곳의 경우	○% 이하
		0.8m × 1곳의 경우	○% 이하

(※2)

실명	면적	피난문 수
사무실	~○㎡	0.8m × 1곳
	○~○㎡	0.8m × 2곳
	○~○㎡	0.8m × 3곳

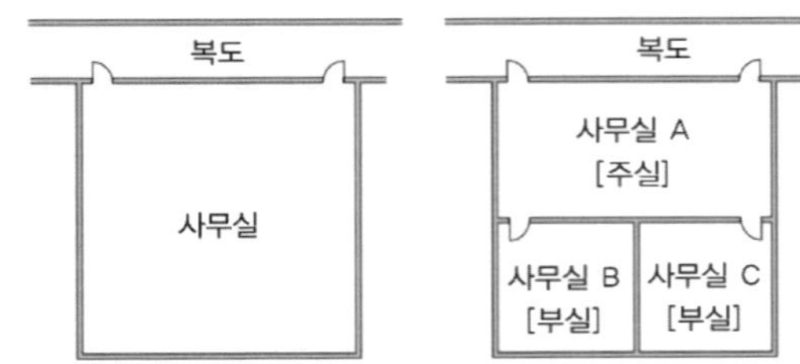

[평면도]

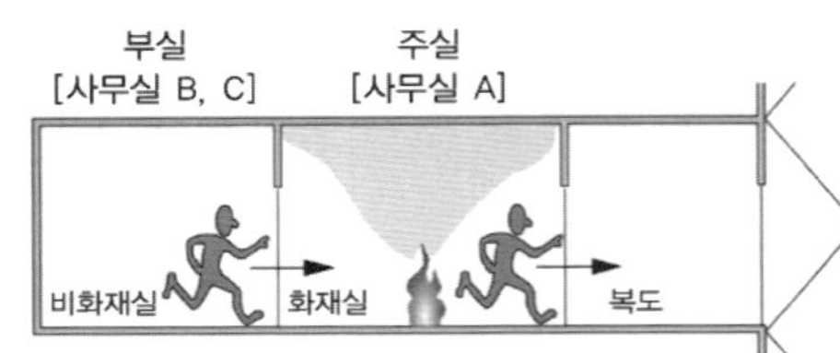

[단면도]

1.2 대규모 점포

1.2.1 대규모 점포의 화재 실태

대규모 점포의 화재사례를 표 1.6에, 발화원인을 그림 1.7에 나타낸다.

표 1.6 대규모 점포의 화재사례

년	소재지	개 요	사상자[명]
1982	구마모토	백화점 1층 방수공사현장에서 발화. 용접의 불꽃이 연성가스에 인화하여, 15㎡ 소손(燒損)	2
1982	도쿄	백화점 7층에서 발화. 2,000명 피난. 튀김기름 과열이 원인	0
1985	시즈오카	백화점 8층의 일식점에서 발화	1
1986	지바	백화점 지하3층 변압기에서 발화. 연기가 충만하여 손님 피난	3
1987	오사카	백화점 지하에서 발화. 5~7층에 연기가 충만하여 6,000명 피난	1
1989	오사카	백화점 8층의 기계실 내의 공조집진기 부근에서 발화. 손님 피난	3
1989	도쿄	생활잡화점의 지하주차장 사무실에서 가스의 배관공사중에 절단 불꽃이 인화하여 가스폭발	2
1990	도쿄	백화점 2층 부인복 매장 재고창고 박스에서 발화. 원인불명 화재	1
2001	교토	8층 건물 백화점5층 조리용품 매장 창고에서 발화. 슬리퍼 등의 상품 태움. 1,000명 피난	0

(특정비영리활동법인 재해정보센터 데이터베이스에서)

그림 1.7 대규모 점포화재의 발화원인

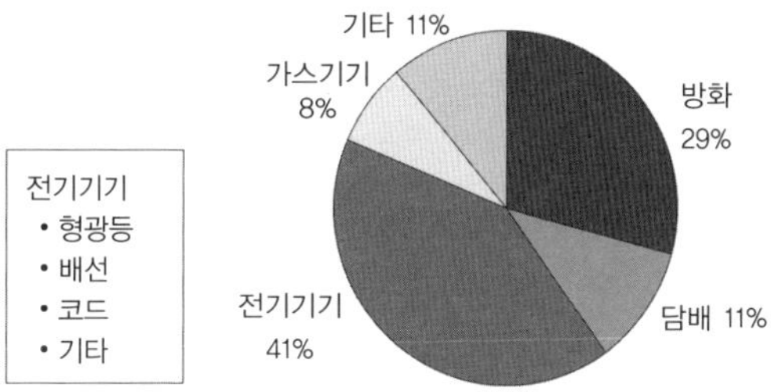

(도쿄소방청 감수 : 화재의 실태, (재)도쿄방재지도협회(1996)에서)

1.2.2 방재계획 짜는 법

1. 방재계획의 포인트

대규모 점포는 가연물량이 많고 불특정다수의 사람이 이용한다는 특성을 가지며, 화재가 발생하면 중대한 결과가 될 위험성이 크다. 각종 조사를 보면, 단위면적당 가연물량은 사무실과 주택과 같은 정도의 양, 혹은 적을 정도이지만 넓은 공간에 적재되어 있기 때문에 가연물의 절대량이 많고, 번지면서 탈위험성과 유해가스 발생의 위험성이 매우 높다. 또한 매장 레이아웃 변경에 따라 피난경로가 불명확하게 되어 앞이 잘 안 보일 때는 방향감각을 잃어버릴 위험성이 있다.

방재계획의 포인트는 명확한 피난동선의 확보와 계획 시에 설정한 피난경로가 운용 시에 있어서도 확보될 수 있는 유지관리체제의 확립이다.

2. 매장의 피난계획

(1) 피난계단의 배치

대규모 점포의 피난계단의 위치는 몇 가지 피난 조닝으로 나누어, 그 조닝마다 피난이 완결되도록 배치하는 것이 바람직하다. 조닝은 방화구획(면적구획), 매장의 형상, 매장 나눔 등에 의해 설정한다.

매장 내의 면적구획이 발생하는 대규모 점포의 경우의 계단배치에 있어서는 피난계산을 하여, 방화구획된 매장마다 피난시간과 피난문 폭마다의 피난자 인원수가 대략 균등하게 될 수 있도록 계획하는 것이 요구된다. 피난문 폭 1m당 피난자 인원수는 대략 200명 이하로 한다.

(2) 매장의 수평피난

대규모 점포의 피난은 다수의 사람들이 한시라도 빨리 안전한 공간으로 피난하지 않으면 안 된다. 많은 인원의 피난을 원활하게 하는 방법으로, 방화구획된 인접점포에 피해가는 수평피난이 유효한 피난방법이 되는 경우가 있다. 화재 공간으로부터 인접점포구획에 피해가는 수평피난자와 계단실에 직접 피하는 피난자의 비율은 반수 정도가 바람직하다.

수평피난을 효과적으로 행하는 방법의 하나는 2단 강하식 셔터의 채용이다. 2단 강하식 셔터의 폐쇄는 1단째는 바닥면에서 1,800mm 정도까지 강하시켜 방연 수직벽의 역할을 하게 하고, 그 셔터 하부를 피난에 이용한다. 2단째는 바닥면까지 폐쇄하여 구획이 형성된다. 폐쇄방법과 효과를 표 1.7에 나타낸다. 또한 수평피난의 구상을 그림 1.8에 나타낸다.

표 1.7 2단 강하 셔터 강하방법

강하방법		효 과
방식1	1단째 : 연기감지로 강하 2단째 : 열감지로 강하	화재위치에서 먼 셔터는 열감에 의한 작동이 늦어지므로 2방향 피난에 유효
방식2	1단째 : 연기감지로 강하 2단째 : 타이머로 강하	피난시간부터 타이머를 설정하기 때문에 피난의 확실성은 높지만, 화재위치에 가까운 셔터도 화재상태에 관계없이 개방상태가 계속되는 위험성이 있다.

그림 1.8 수평피난의 구상

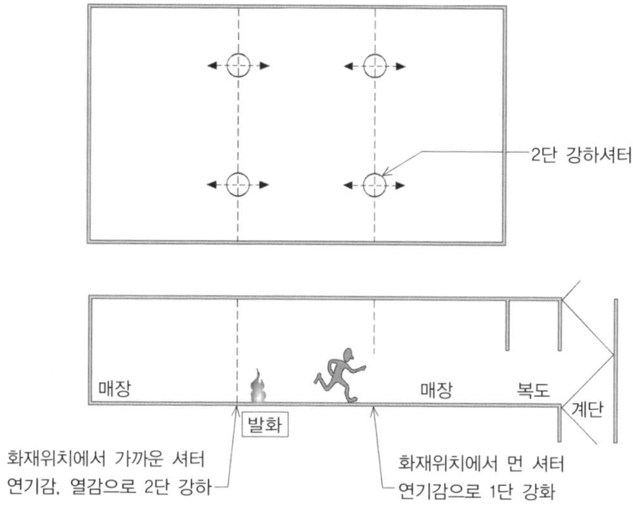

(3) 매장 후방의 피난통로

매장 후방의 통로를 피난에 사용하는 경우는 안전구획으로서의 성능을 형성하지 않으면 안 된다. 그러기 위해 가연물을 집적하는 스톡 야드 등은 원칙적으로, 불연 칸막이 벽으로 구획하고, 자동폐식 불연문을 설치하도록 한다. 하지만 실태는 일상적인 편리성 때문에 피난경로에 오픈상태인 스톡 야드가 있는 경우가 거의 대부분이다. 이러한 상태의 스톡 야드에서 발화하면, 주변의 계단은 모두 사용불능이 되어버려 원활한 피난은 바랄 수 없다. 피난안전을 확보하기 위해서는 계단배치에 맞춰서 후방 공간을 방화구획으로 하고, 화재의 범위와 연기확산의 범위를 최소한으로 막는 등의 대책이 필요하게 된다.

오픈적인 스톡 야드로 하는 경우, 스톡의 범위에서 물품이 튀어나와 있지 않도록 하기 위해 피난경로의 부분과 스톡의 부분을 명확하게 분리할 수 있는 물리적인 대책을 세우지 않으면 안 된다. 그 방법은 복도 바닥에 페인트 등으로 색을 달리하거나 레일 등으로 분리하거나 하는 것이다.

대규모 점포의 피난의 구상을 그림 1.9에 나타낸다.

그림 1.9 대규모점포의 피난방법

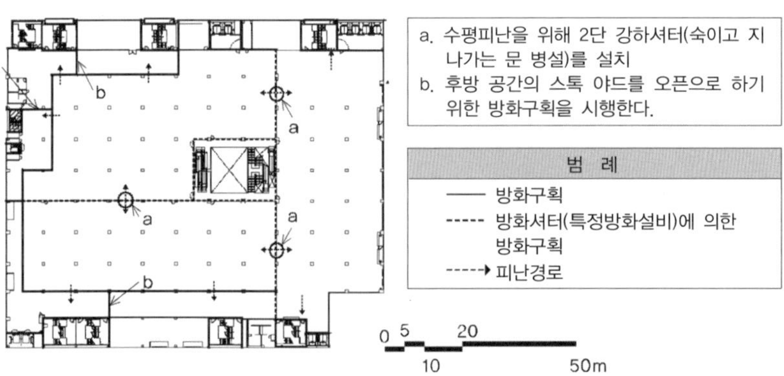

3. 매장의 면적구획

매장 내의 면적구획의 설정에 있어서는 ① 이용형태가 다른 공간마다의 구획, ② 면적의 크기를 가능한 균등하게 한 구획, ③ 계단의 배치에 맞춰서 피난구가 분산되는 구획, ④ 각 층에 같은 위치에 구획 등에 배려한다.

매장 내의 면적구획은 통상은 셔터(특정방화설비)로 구획을 형성한다. 셔터구획의 문제점은 ① 강하장해에 의한 폐쇄되지 않는 위험성, ② 셔터면이 뜨거워져 그 복사열로 인접 점포에 불이 옮겨 붙을 위험성의 두 가지이다. 이 문제점을 해결하기 위해서는 셔터의 유지관리를 철저히 하는 것과 셔터 근접에는 통로를 만들어 상품을 놓지 않는 것이다. 거대 쇼핑센터에서는 1플로어가 수만㎡가 되는 경우도 있어, 구획의 신뢰성은 보다 확실하게 하지 않으면 안 된다. 신뢰성 향상의 방법으로서는 통상적인 방화구획보다 더욱 강화된 구획을 형성하기 위해 면적구획의 세 개 정도의 공간을 하나의 방화블록으로 하여 방화블록 간 셔터의 이중구획을 하거나 가능한 벽으로 구획하는 등의 대책이 요구된다.

4. 매장 내의 종혈구획

매장 내의 에스컬레이터 샤프트와 위가 뚫린 구조 주위에는 종혈구획을 형성하기 위해 셔터(특정방화설비)를 설치한다. 셔터가 폐쇄되지 않는 등의 사고가 발생하면, 연기는 급속히 상층에 퍼져간다. 셔터가 확실하게 폐쇄되도록 하기 위한 강하장해방지대책과 연기확산방지대책은 ① 상품진열에 가까운 셔터는 글라스 스크린 병설로 한다, ② 층수가 높은 위가 뚫린 구조의 상층은 글라스 스크린 병설로 한다, ③ 위가 뚫린 구조의 주위 난간 외측을 셔터의 강하위치로 하는 것 등으로 한다.

그림 1.10에 위가 뚫린 구조 주위의 구획방법을 나타낸다.

그림 1.10 위가 뚫린 구조 주위의 구획방법

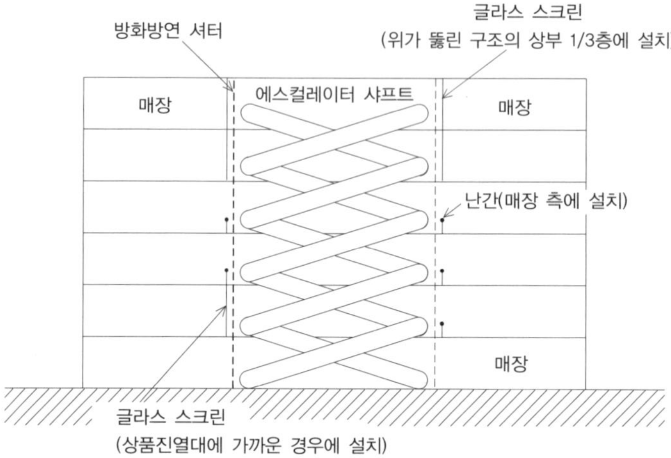

1.2.3 피난안전검증의 이용

1. 피난안전검증의 내용

점포에 있어서의 피난안전검증의 경향과 내용은 ① 3층 건물 이상의 대규모점포, ② 1층 혹은 2층 건물의 소규모 점포 두 가지로 나누어진다. 전자는 계단폭원 경감을 목적으로 한 것이 가장 많고, 후자는 배연설비 저감을 목적으로 한 것이 대부분이다.

대형점포의 검증 루트는 루트C를 채용하고 있는 경우가 많다. 그것은 여러 가지 테넌트의 인테리어계획에 유연한 대응이 필요하기 때문에 상세한 컴퓨터 시뮬레이션을 하여 갖가지 사용법에 대응하지 않으면 안 되기 때문이다.

소 · 중규모의 저층점포에서 천장높이가 높고 큰 공간의 매장구성의 경우에는 루트B로 검증하는 것으로 배연설비의 경감, 혹은 배연이 없는 것이 가능하게 되어 있다.

피난안전검증에 의해 방화 · 피난관련법규를 적용제외하는 것으로, 안전성능을 확보하면서 합리적인 설계가 가능하게 되어 디자인 메리트와 코스트 메리트 및 매장면적 확대 등의 효과가 크다.

점포에 있어 피난안전검증을 적용한 경우의 일반적인 적용제외 항목이다.

| 층 피난안전검증의 경우 |

a. 보행거리(영 제120조)

b. 배연설비의 설치와 구조(영 제126조의 2, 영 제126조의 3)

| 전관피난안전검증의 경우 |

a. 보행거리(영 제120조)

b. 종혈구획(영 제112조 제9항)

c. 물판 계단폭원(영 124조 제1항)

d. 물판의 옥외에의 출구폭(영 제125조 제3항)

e. 배연설비의 설치와 구조(영 제126조의 2, 영 제126조의 3)

여기서 주의해야 할 것은 소방법에서 정하는 배연설비의 설치와 구조의 규정이다. 피난안전검증에서 경감할 수 있는 배연설비는 피난안전에 관련되는 배연설비이고, 소방 활동상 필요한 배연설비는 소방법 시행령 제28조에 규정되어 있다. 소방법에 규정된 배연설비의 저감을 할 경우에는 소방활동 지원성능으로서의 검증이 필요하게 된다.

2. 피난안전검증을 채용한 경우의 계획내용과 효과

표 1.8에 피난안전검증의 계획내용과 효과를 나타낸다.

표 1.8 피난안전검증의 계획내용과 효과

적용제외 항목	계획내용
피난시설	• 단계폭원의 규정을 적용제외 사양규정에서는, 면적 100㎡에 대해 60㎝ 이상의 계단폭원이 규정되어 있는데, 피난계단을 균형 있게 배치하여 계단에 안전구획(복도 또는 전실)을 병설하는 것으로, 계단폭원으로 저감이 가능하게 된다. 옥외에의 출구폭의 규정도 마찬가지이다. 계단폭원의 최소폭 1,400mm는 저감될 수 없다. • 보행거리의 규정을 적용제외 계단폭원을 저감함에 따라 보행거리가 길어지는 경우가 있다. 보행거리의 규정을 적용제외하는 것으로, 매장의 중앙에 배치하지 않으면 안 되었던 계단이 없어지므로 매장의 유효이용이 좋아진다. 계단 배치계획에서는 피난층에 있어서는 계단실에서 직접 외부에 피난할 수 있는 형상이 가장 안전한 피난이 되기 때문에 최대한 외벽에 접하는 위치에 계단을 배치하는 것이 바람직하다. 계단실에서 옥외까지의 피난경로는 방화구획으로 만든 복도를 설치한다.
방화구획	• 종혈구획의 규정을 적용제외 면적구획 3,000㎡ 이하의 범위에서 위가 뚫린 구조의 종혈구획 철폐가 가능하게 된다. • 이종(異種)용도구획의 규정을 적용제외 점포와 시네콘[22] 등이 복합되어 있는 경우, 공용하는 엔트런스 주변 등의 이종용도의 구획철폐가 가능하게 된다.
배연설비	• 방연구획면적의 규정을 적용제외 방연구획면적은 최대 1,500㎡까지 확대할 수 있다. 상세한 연기 시뮬레이션(루트C)을 함으로써 방연구획면적은 3,000㎡까지 확대할 수 있다. • 배연설비능력의 규정을 적용제외 기계배연능력의 저감이 가능하게 된다. 계산 결과 배연 없이도 가능하지만, 배연설비를 설치하지 않는 경우, 건물운용 시의 테넌트의 칸막이 벽의 증설과 변경에 제약이 발생할 우려가 있다. • 소방배연 점포의 배연설비의 설치와 구조는 소방법에도 규정되어 있기 때문에 소방배연 대책은 소방활동 지원성능의 검증이 필요하게 된다. 이것은 총무대신 인정(루트C)이 된다.

3. 성능설계의 예

(1) 건물개요

대규모 점포의 예로, 다이아몬드시티 나라 가시하라 쇼핑센터의 건물개요를 표 1.9에 나타낸다.

22) 시네콘 : 시네마 콤플렉스(cinema complex), 복합형영화관

표 1.9 다이아몬드시티 나라 가시하라 쇼핑센터의 건물개요

건물명칭	다이아몬드시티 나라 가시하라 쇼핑센터
건물개요	• 장 소 : 나라현 가시하라시 • 용 도 : 점포, 영화관, 주차장 • 총면적 : 161000㎡ • 층 수 : 1F ~ 4F • 구 조 : S
설계루트	전관피난안전검증(루트C) 장관인정 : 2003년 12월
설계자	시미즈 건설(주)

(2) 성능설계의 개요

방재계획은 ① 피난계단의 분산배치와 제1차 안전구획의 설치, ② 몰(malll)의 위가 뚫린 공간 내의 원활한 피난, ③ 피난층에서 피난안전과 원활한 소방활동 등을 고려한 계획이라고 한다. 그림 1.11은 기준층 평면이다.

층이 바닥면적이 30,000㎡나 되는 거대공간인데, 몰의 위가 뚫린 공간을 설치하여 몰 주위의 방화구획은 평면적으로 6분할 구획을 형성하게 된다. 이 구획은 매장 간을 이중의 특정방화설비로 구획하게 되어 방화블록으로 기능하고 있다.

전관피난안전검증에서 종혈구획의 규정을 적용제외하고 몰의 위가 뚫린 공간은 1층에서 3층까지의 3층까지 뚫린 것이 실현되었다. 위가 뚫린 공간 내의 구획면적은 3,000㎡ 이하로 되어 있다. 위가 뚫린 공간 주위의 구획방법은 방화셔터(차연성능이 없는 특정방화설비)를 이용하고 방화방연셔터는 사용하고 있지 않다.

물판 점포의 계단폭원의 규정을 적용제외함으로써 계단폭원은 사양규정의 약 55% 정도가 되어 있다. 옥외에의 출구폭도 적용제외되어 있다.

배연설비 규정을 적용제외하고, 방연구획면적은 1500㎡ 이하, 기계배연능력은 1㎡당 0.2㎥/min으로 되어 있다.

(※소방법에 의한 배연설비 저감을 위해 소방법 제32조에 의한 관할소방

서장 특인을 취득)

그림 1.11 다이아몬드시티 나라 가시하라 쇼핑센터 기준층 평면도

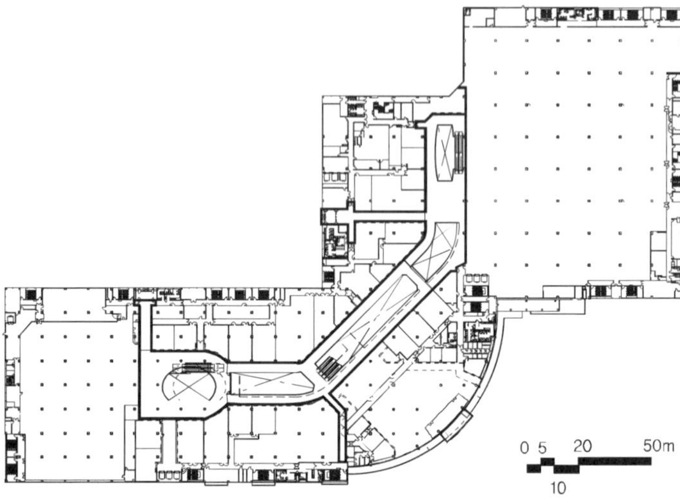

1.3 호텔

1.3.1 호텔 화재의 실태

호텔 화재사례를 표 1.10에, 발화원인을 그림 1.12에 나타낸다.

표 1.10 호텔 화재사례

년	소재지	개 요	사상자[명]
1991	도치기	개축중 호텔 목조 2층 건물 별관에서 발화. 부근 주택 등 총 9동 1,931㎡ 전소	1
1992	나가사키	관광호텔 부엌에서 프로판가스 폭발. 철근 3층 건물 호텔 전소. 옆 건물 식당 전괴	10
1993	히로시마	10층 건물 호텔 6층 1609호에서 발화. 내벽 10㎡ 태움. 숙박객 일산화탄소 중독	6

(계속)

년	소재지	개 요	사상자[명]
1993	오사카	목조 3층 건물 호텔에서 발화. 340㎡ 소실	1
1994	도쿄	8층 건물 잡거빌딩 호텔 3층 스테이지에서 발화. 깔려 있던 양탄자 태움. 숙박객 피난	6
1995	도쿄	호텔 4층 레스토랑 조리실에서 오븐의 불이 배기덕트에 부착된 기름에 인화. 천장 소손	1
1995	도쿄	호텔 402호실에서 폭발음과 함께 발화. 실내에서 숙박객 소사. 다른 방의 숙박객 화상	3
1996	홋카이도	호텔 별관 지하1층에서 발화. 숙박객 피난 시 부상	10
1996	도쿄	호텔 405호실에서 발화. 숙박객 전신 화상	1
1998	와카야마	9층 건물 호텔 본관 4층에서 발화. 별관 등 총 12600㎡전소	4
1998	도쿄	호텔에서 숙박객이 젖은 속옷을 전등 스탠드에 올려놓아 말리고 있던 중 과열로 인화	1
1999	시즈오카	목조 2층 건물 주택 59㎡와 옆 호텔의 기숙사 32㎡ 전소. 또한 호텔의 별관 객실에 옮겨 붙음	1
1999	홋카이도	14층 건물 호텔 305호실에서 발화. 내부 32㎡ 태움. 숙박객 사상	29
2000	야카가타	스키장에 있는 호텔 레스토랑동에서 발화. 440㎡ 전소. 화재경보기는 울렸지만 발화원 알 수 없었음.	불명

(특정비영리활동법인 재해정보센터 데이터베이스로부터)

그림 1.12 호텔화재의 발화원인

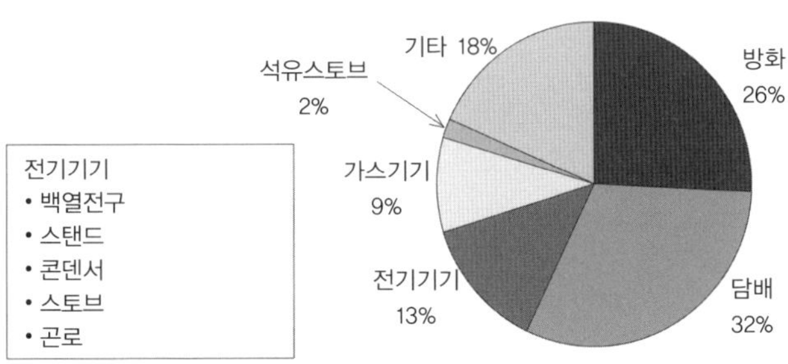

(도쿄소방청 감수 : 화재의 실태, (재)도쿄방재지도협회(1996)에서)

1.3.2 방재계획 수립방법

1. 방재계획의 포인트

호텔, 여관은 취침용도의 숙박시설과 불특정다수자가 이용하는 집회용도의 연회장이 합쳐진 곳을 말하여 방재상 어려운 특성을 가진다.

과거의 화재사례에서 특이한 것으로 기록이 남아있는 화재 중, 대략 1/4을 차지하는 것이 호텔, 여관의 화재이다. 1960~1970년대에 대규모 호텔/여관 화재가 연속 발생해 건축기준법과 소방법의 개정에 큰 영향을 미쳤다.

호텔의 방재계획상의 포인트는 이용형태가 다른 공간의 방화구획, 연회장의 원활한 피난, 객실층의 뒤늦은 대피자 대책 등이다.

2. 방재조닝

최근 호텔의 형태는 복합화, 다양화 경향이 강하고, 방재조닝은 매우 중요한 요소가 되고 있다. 호텔의 용도는 크게 나누면, 불특정인이 숙박하는 개실부문, 객실 이외의 불특정다수인이 이용하는 퍼블릭부문 및 종업원이 이용하는 관리부문 등으로 나누어진다. 퍼블릭부문은 연회장, 회의실, 음료실, 혼례, 물판 및 어스레틱 등이 있다. 이들 부문의 이용형태, 공간특성 등은 크게 다르다.

방재조닝이란 용도마다 방화구획을 하여 각각의 부문에서 피난이 완결되는 계획이다. 또한 공조·환기설비, 방배연설비 등도 조닝마다 완결되지 않으면 안 된다.

3. 연회장의 피난

연회장은 자리를 고정하지 않는 입식파티와 강연회 등의 인구밀도가 높은 사용, 전시회 등의 가연물량이 많은 사용 등, 여러 사용법을 상정하지 않으면 안 된다.

다수의 피난자를 원활하게 피난시키기 위해서 후방의 서비스 통로도 주요한 피난경로가 되는 경우가 많다. 하지만, 실제는 이러한 피난경로는 이용자에게 있어서는 알기 어렵고, 또한 물건이 놓여 있거나 해서 원활한 피난은 기대하기 힘든 경우가 많다. 후방의 피난령로는 서비스용 물건이 일시적으로 놓여 있었다 하더라도 충분히 넓고 알기 쉬운 위치에 계단을 배치하지 않으면 안 된다.

4. 객실층의 피난

객실층은 객실이 소면적으로 구획되어 있기 때문에, 연소(延燒 : 옮겨 붙음)확대 방지는 만전을 기했다고 해도 좋다. 문제는 피난안전계획이다. 자고 있는 사람이 갑자기 피난하는 상황이므로 방향감각을 잃고 계단위치가 알 수 없다든지, 화재를 알아차리지 못해 대피가 늦어진다든지 하는 위험성이 높아진다.

피난계획에서 중요한 것은 ① 막혀 버리지 않는 계단배치, ② 복도의 방배연대책 2가지이다. 객실층의 복도는 매우 폐쇄성이 높고, 피난중에 화재실의 문에 물건이 끼이거나 해서 문이 폐쇄되지 않으면 복도에 연기가 흘러나와 복도 전체에 연기가 충만해져 버린다. 게다가 상층에 확산될 위험성도 있다. 자고 있어서 화재를 모르거나 복도에 연기가 충만해서 대피할

그림 1.13 미쯔이타워 · 호텔 객실기준층 평면도(건물개요는 본편 1.1절 참조)

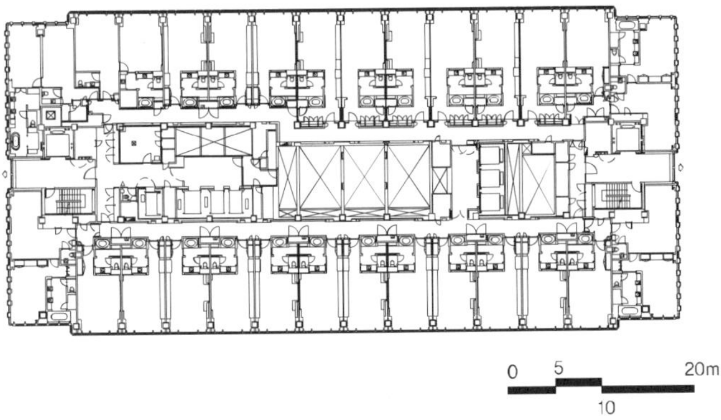

곳을 잃어버리거나 한 사람의 안전대책은, 복도 중간에 방화문을 설치하여 방화구획을 한 비화재 공간을 만드는 것이다. 비화재 공간은 수평피난구획이 되어, 그 공간에 대피하는 것으로 일시적인 피난이 되므로 그 후에는 침착하게 계단실로 피난할 수 있다. 수평피난구획은 소방활동에도 유효한 공간이 된다.

그림 1.13은 개실의 수평피난구획의 예이다. 코어 주변에서 방화구획을 함으로써 객실 공간은 2분할 방화구획이 형성되어 수평피난이 가능하게 된다.

1.3.3 피난안전검증의 이용

1. 피난안전검증의 내용

호텔에 피난안전검증을 적용하는 목적은 엔트런스 로비 등에 설치되는 위가 뚫린 공간에 있어서의 디자인상의 문제로 종혈구획이 곤란한 경우, 연회장 등의 대공간의 배연설비 저감 등이 주가 된다.

객실층은 피난안전검증의 계산결과로는 복도의 배연이 없어도 수치적인 성능은 확보된다. 하지만, 숙박자의 피난안전을 생각할 때, 복도배연의 의미는 매우 중요한 것이므로 배연설비는 반드시 설치하지 않으면 안 된다.

위가 뚫린 주위의 피난안전검증의 개요는 본편 1.10절 참조.

2. 피난안전검증을 채용한 경우의 계획내용과 효과

표 1.11에 피난안전검증의 계획내용과 효과를 나타낸다.

표 1.11 피난안전검증의 계획내용과 효과

적용제외 항목	계획내용
배연설비	배연설비의 규정을 적용제외함으로써 대연회장이나 메인 레스토랑 등의 대공간 및 피난경로로는 되지 않는 엔트런스 홀 등의 천장높이가 높은 대공간에서는 ① 방연구획면적의 확대, ② 배연설비능력의 경감 또는 설치 없음 등의 계획이 가능하게 된다.

1.4 홀 · 시네마 콤플렉스

1.4.1 홀 · 시네마 콤플렉스 화재의 실태

홀 · 시네마 콤플렉스(시네콘) 화재 실제 예를 표 1.12에 나타낸다.

표 1.12 홀 · 시네마 콤플렉스의 화재사례

년	소재지	개 요	사상자[명]
1981	도쿄	영화관 전소. 4동 부분 연소	0
1982	도치기	영화관에 들어가 있는 목조 2층 건물 652㎡ 전소	0
1991	오사카	10층 건물 빌딩2층 영화관 통로구석의 공조실 부근에서 발화. 소형화재	0
1994	오사카	10층 건물 빌딩3층 영화관의 휴게실 부근에서 발화. 관객이 CO중독	1

(특정비영리활동법인 재해정보센터 데이터베이스에서)

1.4.2 방재계획의 수립방법

1. 방재계획의 포인트

극장, 영화관 혹은 다목적 홀 등 객석이 고정된 집회시설에서는 하나의 공간 내에 고밀도의 불특정다수의 사람을 수용하고, 또한 고밀도의 재실자 중에는 휠체어 이용자 등 자력피난곤란자 등의 체재도 생각될 수 있다는 특성을 가진다.

극장, 영화관의 객석은 천장 가까이까지 배치되어 있는 계단상의 객석이 일반적이다. 천장의 형상에 따라서 화재가 발생하면 최상부의 사람은 빠른 시간 내에 연기에 노출될 위험성이 있다.

방재계획의 포인트는 피난이 쉬운 객석 내 통로와 출구의 설정 및 연기 제어계획이다.

2. 객석의 연기 제어계획

객석부의 배연방식은 방의 구조가 차음구조이므로 기계배연방식이 일반적이다. 폐쇄성이 높은 공간에서는 배연기 기동 시의 급기[23]경로가 없으면 효과적으로 배연이 안 되거나 과대한 압력이 걸리게 되어 피난문의 개폐장해가 발생하는 등의 위험성이 높아진다. 이러한 장해를 없애기 위해, 공조·환기용 덕트를 배연 시의 급기경로에 이용하는 것이 효과적이다. 외기(外氣)[24]와 직결하는 덕트시스템을 수립할 때에는 댐퍼 전환 등이 복잡하게 되지 않도록 가능한 단순한 시스템으로 하는 것이 바람직하다.

3. 시설전제 피난계획

고밀도의 인원을 수용하는 극장 등에서는 후방 모든 실 주변의 계단을 주요한 피난경로로 사용하도록 하는 계획이 많다. 또한, 객석이 복수층에 걸쳐 있는 구성의 경우에는 하나의 계단에 동시에 여러 층에서 피난자가 유입된다. 피난계획에서는 객석에서의 파난자의 인원수와 복도의 체류면적 및 계단폭원의 밸런스를 고려한 계획이 필요하게 된다.

1.4.3 피난안전검증의 이용

1. 피난안전검증의 내용

도도부현(都道府県)[25]의 건축안전조례 및 화재예방조례 등에는 객석의 의자의 구조, 객석간의 통로의 구조 및 객석과 무대의 구조 등이 상세하게 규정되어 있다. 하지만, 객석의 구조와 객석과 무대의 구조가 다양화되어 있기 때문에, 이들의 규정에 준거한 계획을 세우는 것은 곤란한 경우가 많다. 피난안전검증을 이용하는 것으로 조례를 적용제외될 수 있는 항목이 몇 개인가 있다. 그 내용은 각 조례에 따라 다소 다르지만, 여기서는 도쿄

23) 급기(給氣) : 공기 공급
24) 외기(外氣) : 바깥 공기
25) 都道府県(도도부현) : 일본 행정구역 전체

도 건축안전조례를 참고로 적용제외 항목을 들어 본다.

도쿄도 건축안전조례에 있어서의 객석 주변 규정의 적용제외 항목

| 층피난 안전검증의 경우 |

a. 객석부의 출입구(객석의 출입구의 폭과 수의 규정)

b. 객석의 복도(객석의 양측 및 후방에 복도를 설치하는 규정)

c. 객석 내의 구조(객석통로의 경사, 가로통로의 규정)

d. 객석부와 무대부의 구획

e. 객석과 그 밖의 부분의 구획

| 전관피난안전검증의 경우 |

a. 상기의 a에서 e

b. 계단의 구조

c. 옥외로의 출입구

d. 무대와 무대부의 객실과의 구획 등

e. 주 층이 피난층 이외에 있는 흥행장 등

객석 이외에서는 포와이에[26] 주변에는 위가 뚫린 공간을 설치함에 따라 종혈구획의 규정을 적용제외하는 계획이 많다. 객석과 같이 고밀도의 인원을 수용하는 방의 주변에 위가 뚫린 공간을 만드는 경우의 유의점은, 발화위치를 2곳으로 생각해서 피난경로를 설정하는 것이다. 2곳의 발화위치라는 것은, ① 객석 또는 무대부에서 발화, ② 위가 뚫린 내부(포와이에 등)에서의 발화이다. ①의 발화 시에는 위가 뚤린 공간 주변의 통로는 비발화공간이므로 피난경로로 사용할 수 있다. ②의 발화 시에는 위가 뚫린 공간 내부가 발화공간이 되어 위가 뚫린 공간 주변의 통로는 피난에는 사용할 수 없으므로 객석에서의 피난은 위가 뚫린 공간을 통과하지 않는 경로가 필요하게 된다.

26) 포와이에(foyer) : (프랑스어) 극장, 호텔 등의 휴게소, 로비

위가 뚫린 공간 주변의 구획방법, 피난경로의 확보는 본편 1.10을 참조하기 바란다.

1.5 박물관 · 미술관

1.5.1 박물관 · 미술관의 화재 실태

박물관 · 미술관의 화재사례를 표 1.13에 나타낸다.

표 1.13 박물관 · 미술관의 화재사례

년	소재지	개 요	사상자[명]
1984	도쿄	미술관 창고에서 발화. 다수의 명화필림 소실	4
1990	도쿄	미술관 1층 홀 석불 부근에서 발화. 목조대좌와 비닐 등 태움	0
1991	도쿄	개장(改裝)중 미술관 지하2층에서 천장 일부 태움	0
1992	도쿄	7층 건물 과학관 2층 창고에서 발화. 보관중인 책과 회화 등 태움	1
1993	도치기	목조 2층 건물 향토자료관 외측 판벽 판자부근에서 발화 560㎡ 전소. 방화	0
1998	홋카이도	해산물 도매상에서 발화하여 인접하는 향토자료관에 옮겨 붙어 2동 전소	0
2000	교토	전통적인 구조물군보전지구의 자료관 헛간 부근에서 발화. 안채, 헛간 등 130㎡ 소실. 방화의심 화재	불명
2000	이와테	시설 내의 목조 단층건물에서 실내의 아궁이에서의 훈증(燻蒸)작업중 발화. 384㎡ 전소	불명

(특정비영리활동법인 재해정보센터 데이터베이스에서)

1.5.2 방재계획의 수립방법

1. 방재계획의 포인트

박물관, 미술관은 디자인과 구법 등 특수한 계획이 많고 성능설계에 관련된 방재계획의 사례가 많다. 소위 디자인 우선의 방재계획, 성능설계이다. 성능설계를 함으로써 엔트런스 주변이나 전시실 주변에 있어 합리적이고 안전한 계획이 실현되는 경우가 많다.

합리적인 설계의 일례는 전시실 내에 가스계통 소화설비를 설치하는 경우, 질식에 의한 소화효과를 높이기 위해 배연설비는 설치하지 않는다. 하지만, 건축기준법에서는 배연설비의 설치가 의무화되어 있다. 이 불합리는 피난안전검증으로 해결한다. 박물관, 미술관은 가연물이 적고 사용방법이 명확하며, 공간구성도 크고 단순한 경우가 많으므로 배연설비의 저감은 쉽게 된다.

위가 뚫린 공간 주변의 피난안전은 본편 1.10절을 참조하기 바란다.

2. 성능설계의 예

■ 1 도미히로(富弘) 미술관

(1) 건물개요

미술관의 예로서 도미히로 미술관의 건물개요를 표 1.14에 나타낸다.

표 1.14 도미히로 미술관의 건물개요

건물명칭	토도미히로 미술관
건물개요	• 장 소 : 군마(群馬)현 • 용 도 : 미술관 • 총바닥면적 : 2,500㎡ • 층 수 : 1F • 구 조 : S, RC
설계루트	층 피난안전검증(루트B)
설계자	aat+요코미조 마코토 건축설계사무소

(2) 성능설계의 개요

층 피난안전검증에 의해 보행거리와 배연설비를 적용제외시키는 것으로 모든 방 및 복도에 있어 배연설비의 설치를 하지 않는 것이 가능하게 되었다. 보행거리의 규정도 적용제외시키는 것으로 법령에서 정하는 수치를 10m 정도 오버하고 있다. 그림 1.14에서 평면을 나타낸다.

그림 1.14 도미히로 미술관 평면도

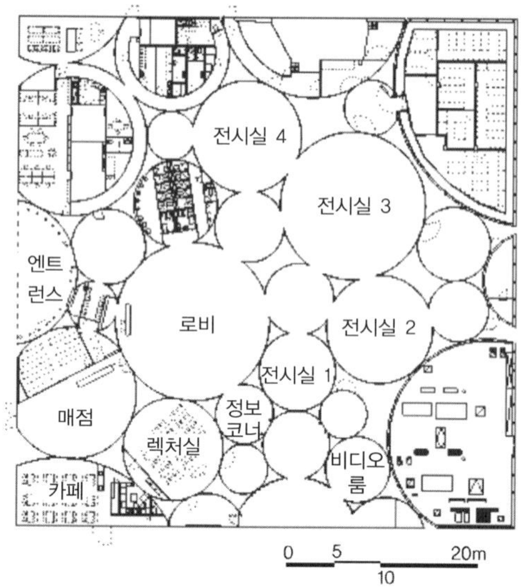

방재계획은 ① 다방향으로의 피난경로 확보(5개의 출구), ② 세분화된 방화구획(5분할 방화구획), ③ 합리적인 방재설계(피난안전검증 채용)와 같은 3가지 기본방침에 따라 설계를 했다.(아즈마무라(東村) · 도미히로(富弘) 미술관건설 검토위원회 편 : 도미히로 미술관 컨셉 & 가이드 발상의 전개, 가시마(鹿島)출판회(2005)에서).

■ 2 「사카노 우에노 쿠모[27]」 기념관

(1) 건물개요

박물관의 예로서 「사카노 우에노 쿠모」 기념관의 건물개요를 표 1.15에 나타낸다.

27) 사카노 우에노 쿠모(坂の上の雲) : 「언덕길 위의 구름」이라는 뜻

표 1.15 「사카노 우에노 쿠모」 기념관의 건물개요

건물명칭	「사카노 우에노 쿠모」 기념관
건물개요	• 장 소 : 에히메(愛媛)현 • 용 도 : 박물관 • 총바닥면적 : 3,100㎡ • 층 수 : B1F ~ 5F • 구 조 : SRC, S, RC
설계루트	전관피난안전검증(루트C) 장관인정 : 2004년 11월
설계자	안도 타다오(安東忠雄)건축설계사무소

(2) 성능설계의 개요

3층 엔트런스 로비를 기점으로 한 전시동선은 슬로프에 의해 5층까지 이어지는 위가 뚫린 공간을 구성하고 있다. 이 위가 뚫린 공간을 실현하기 위해서, 전관피난안전검증에 의해 종혈구획의 규정을 적용제외하고 있다. 그림 1.15에 기준층 평면과 단면을 나타낸다.

3층에서 5층까지 슬로프로 이어진 위가 뚫린 전시공간은 피난통로이기도 하다. 각 층의 피난안전을 확보하기 위해 요소에 글라스 스크린이나 방연용 스크린셔터를 설치하여 연기확산을 방지함과 동시에 계단실에 연기가 유입되지 않도록 계단실 가압방연 시스템을 채용하고 있다.

배연설비의 규정을 적용제외하고, 요소에 자연배연 개구를 설치하고 있다. 자연배연 개구면적은 당해 바닥면적의 1/100~1/200 정도로 하고 있다. 이 자연배연 개구는 가압방연시스템의 압력제거기능을 같이 갖고 있다.

그림 1.15 「사카노 우에노 쿠모」 기념관 평면도, 단면도

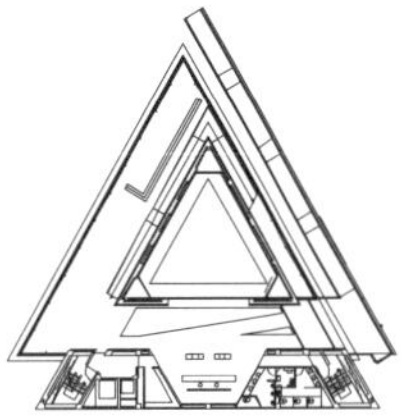
(3층 평면도)

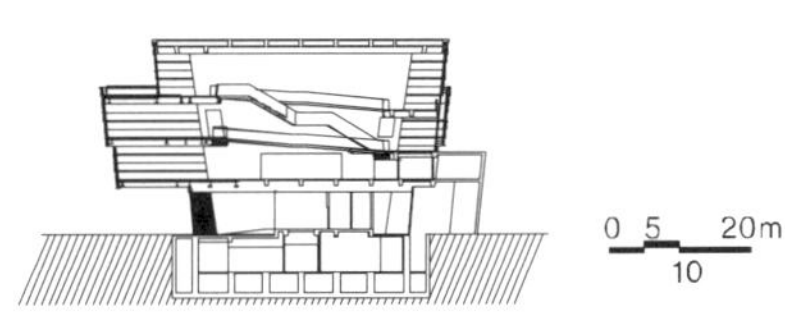

(단면도)

1.6 고층 공동주택

1.6.1 고층 공동주택의 화재 실태

고층 공동주택의 화재사례를 표 1.16에, 발화원인을 그림 1.16에 나타낸다.

표 1.16 고층 공동주택의 화재사례

년	소재지	개 요	사상자[명]
1999	효고	현영(縣營) 고층주택 13층에서 화재. 10㎡ 태움. 모자(母子) 3명 소사(燒死)	3
1999	도쿄	10층 건물 맨션 515호실 40㎡ 전소. 혼자 살던 86세 여성 소사	1
1999	도쿄	14층 건물 맨션 7층에서 화재. 실내 40㎡ 태움. 70세 남성 사망	1
1999	지바	맨션 107호실에서 텔레비전 부근에서 발화. 유아 2명 CO중독	2
2000	도쿄	12층 건물 단지 7층 718호실에서 발화. 동실 50㎡ 태움. 어린이 3명이 놀다 청각장애 삼남 사망	1
2000	히로시마	13층 건물 맨션 4층 1실 약 90㎡ 전소. 어린이 2명 소사. 옥상에 피난한 주민을 헬리콥터로 구조	3
2000	아이치	11층 시영(市營)주택 8층 804호실에서 발화. 실내 반을 태우고 다리에 장애가 있는 80세 남성 사망	1
2000	도쿄	20층 건물 도영(都營)주택 9층에서 발화. 30㎡ 소손(燒損). 주민 250명 피난. 넘어지는 등의 부상	2
2000	후쿠오카	12층 건물 맨션 1003호실에서 발화. 실내 20㎡ 태움. 집을 보던 남매 CO중독 사망. 라이터 산란	2
2001	가나가와	10층 건물 하이츠 2층 209호에서 발화. 55㎡ 전소. 어린이 3명 소사(燒死). 어머니 중상	4
2002	가나가와	11층 건물 맨션 5층에서 발화. 1실 전소 이외에 5층 복도와 계단 소손(燒損)	20

(특정비영리활동법인 재해정보센터 데이터베이스에서)

그림 1.16 고층 공동주택화재의 발화원인

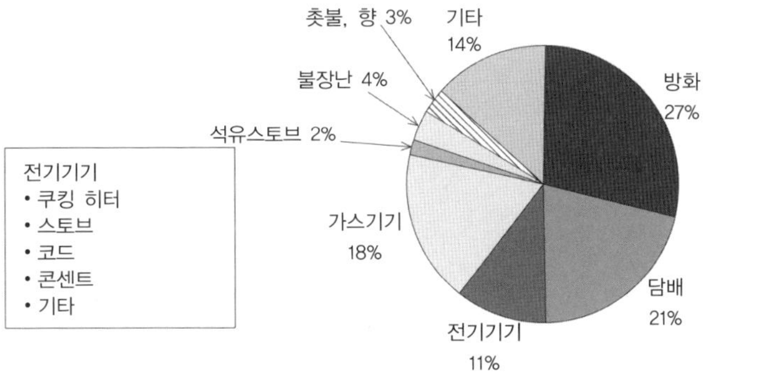

(도쿄소방청 감수 : 화재의 실태, (재)도쿄방재지도협회(1996)에서)

1.6.2 방재계획의 수립방법

1. 방재계획의 포인트

고층 공동주택에는 유아로부터 고령자까지, 게다가 자력으로 피난할 수 없는 재해약자 등의 불특정인이 살고 있다는 특성을 가지므로 재해약자의 피난안전대책, 뒤늦은 대피자의 피난안전대책에는 충분한 배려가 필요하다. 이러한 피난특성을 가지는 사람의 피난안전은 복도형상이 큰 의미를 가진다.

고층 공동주택의 복도형상은 편복도형과 중복도형이 있다. 편복도형에는 외부공기와 접해있는 직선형 복도와 보이드〈광정(光庭)[28]〉에 접해있는 ㅁ자 모양의 복도의 2종류가 있다. 중복도형은 양측이 주택인 직선형 복도와 ㅁ자 모양의 복도 등이 있다. 과거의 공동주택화재 사례를 보면, 화재주택에서 중복도에 연기가 유출되어 화재층의 복도는 물론이고 화재층의 상층에 연기가 확산되어 피해가 확대된 사례가 많이 보고되고 있다.

고층 공동주택의 방재계획의 포인트는 재해약자 대책을 의식한 피난경로의 안전성 향상이다. 그것은 폐쇄성이 높은 중복도형의 방배연대책, 연돌효

28) 광정(光庭) : 채광을 위해 건물 가운데에 설치한 정원

과에 의한 상층에의 연기확산 방지대책 등이다.

2. 복도와 발코니

공동주택의 현관문은 자동폐식의 방화문으로 하지 않으면 안 되지만, 과거의 화재사례에서는 문의 자동폐기구를 해제해버렸거나, 빠져나올 때 문에 물건이 끼어서 문이 완전히 폐쇄되지 않는 등이 원인이 되어 화재실의 연기가 복도에 새어나와 피해가 확대된 사례가 많이 보고되고 있다.

폐쇄성이 높은 중복도에서는 화재실에서 복도에 연기가 새어나와 복도 전체에 연기가 충만해져 버리면 그 층의 사람들 전원이 대피할 곳을 잃어버린다. 게다가 고층건물에서는 복도에 새어나온 연기는 엘리베이터 샤프트와 계단실 등의 종혈구획에 유입되어 상층에도 확산될 위험성이 있다. 이와 같이 연기가 종혈구획을 통해서 상층에 확산되는 것을 방지하는 방법으로, ① 복도 전체에 연기가 확산되지 않도록 복도 중간에 방화문을 설치한다. ② 종혈구획에 연기가 유입되지 않도록 가압방연 시스템을 채용하는 것이 유효하다. 복도 중간에 방화문을 설치하는 것으로 수평피난구획이 형성되어 일시적인 수평피난이 가능하게 되고, 재해약자나 뒤늦은 대피자의 안전성 향상 및 소방활동의 원활화의 대책이 된다.

복도가 연기로 충만해져 버리거나 자고 있어서 화재를 알아차리지 못해 뒤늦게 대피하는 사람의 최종피난로는 발코니가 된다. 발코니에는 트랩(trap)[29]이 병설되어 있는데, 유아나 고령자가 트랩으로 수직피난하는 것은 불가능에 가깝다. 발코니에서의 피난은 발코니를 통해서 직접 계단실에 가거나, 혹은 비발화실을 통해서 복도·계단에 가게 된다.

발코니는 전주(全周)[30] 발코니가 이상적이지만, 최근의 오피스 등에 부속 설치된 공동주택 등에서는 발코니가 없는 것도 등장하고 있다. 표 1.17에는 피난안전대책을 실시한 복도형상과 발코니 형상의 종류를 나타낸다.

---

29) 트랩(trap) : 배나 비행기 등의 승강용 사다리

30) 전주(全周) : 전체를 돌 수 있는, 전부 돌 수 있는, 전체가 이어져 있어 한 바퀴 돌 수 있는.

표 1.17 복도와 발코니의 형상

발코니 형상의 계획내용	참고도
a. 전주(全周)발코니 전주발코니를 배치해서 발코니를 이동하여 계단에 도달할 수 있다.	
b. 부분발코니 부분발코니는 옆집까지 피난을 가능하게 한다. 복도를 방화구획으로 분할함으로써 발코니를 통해서 비발화 공간에 이동도 가능하게 된다.	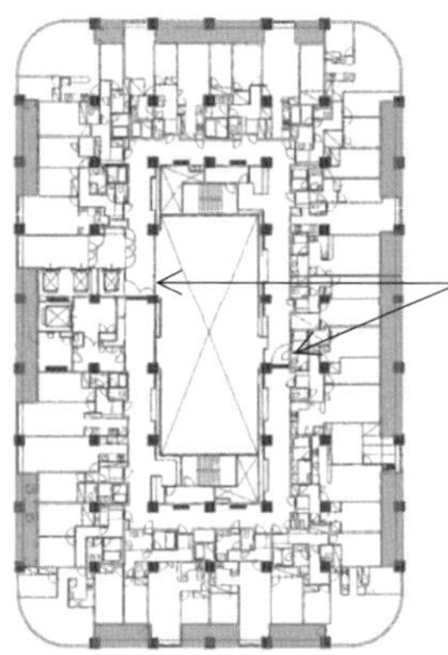
c. 발코니 없음 사무소 빌딩의 상층에 병설된 공동주택 등에서 「디자인을 생각해서 발코니를 설치하고 싶지 않다」고 하는 경우, 주택 내에 2방향 피난을 해결하기 위해 피난 보이드(void : 공간)를 설치하고 있다. 피난 보이드는 상부개방의 옥외형으로, 보이드 내의 계단을 설치하는 것으로 화재실에서의 피난 및 화재 층에서의 피난을 가능하게 하고 있다. 피난 보이드는 연돌효과를 조장할 위험성이 있으므로 너무 고층의 공동주택에는 적합하지 않다. 만일에 피난 보이드에 연기가 침입한 경우를 생각해서 기저부에 급기구(給氣口)[31]를 설치하는 것이 바람직하다.	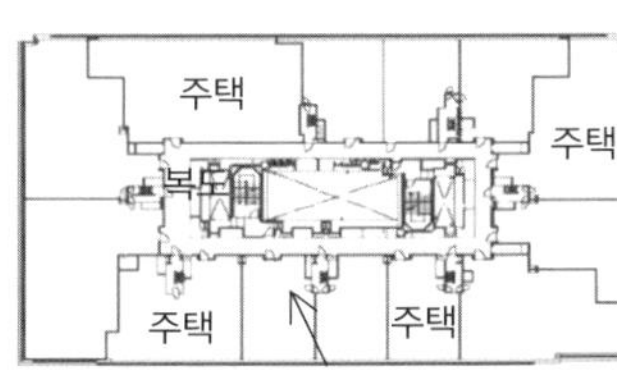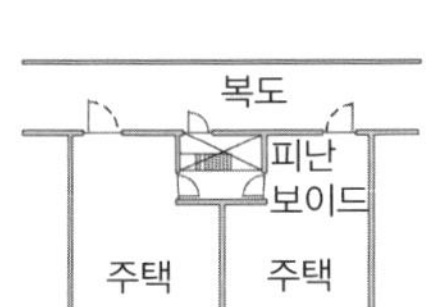

3. 보이드〈광정(光庭)〉

초고층 주택에서 많이 보이는 플랜 중 건물 중앙부에 보이드공간을 설치하고, 그 주위에 口자 형태의 복도를 배치한 것이 있다. 이 보이드는 채광을 위해서 설치되는 지붕이 없는 위가 뚫린 구조로, 복도는 외부복도 취급이 되는 것이 일반적이다.

이 위가 뚫린 공간 주위는 외부취급이기 때문에 주택의 현관 등에서 연기가 보이드 공간에 새어나간다 하더라도 보이드가 배연통 역할을 하여 여기는 자연스럽게 상승하여 복도에는 악영향을 끼치지 않는다고 생각하기 쉽다. 하지만, 충분한 단면적이 없거나 보이드 기저부가 개방되어 있지 않다거나 하면, 위가 뚫린 공간 전체에 연기가 충만하여 복도는 매우 위험한 상태가 된다. 게다가 복도에 접해서 주택의 유리창이 설치되어 있거나 하면, 거기에서 나오는 분출화염으로 복도피난도 쉽지 않게 된다(그림 1.17).

보이드는 ① 충분한 넓이를 확보한다, ② 하부에 급기경로를 설치한다, ③ 보이드 주변의 복도는 2방향 피난을 확보하는 등을 고려하지 않으면 안 된다.

보이드공간의 깊이, 넓이, 개방성 등에 따라 소방법에서는 특정 광정(光庭)의 규정이 있다(그림 1.18). 특정 광정의 규정에서는 보이드에 접한 주택의 개구부에서 불과 연기가 상층 주택에 영향을 줄 우려가 있다고 판단된다. 특정 광정의 규정에 합치한 경우에는 특정 광정에 접한 주택의 개구부에는 방화조치를 취하지 않으면 안 된다. 특정 광정은 공동주택의 특례기준(헤이세이(平成)7년[32] 10월 5일 소방예220)에 의한다.

31) 급기구(給氣口) : 공기를 공급해주는 구멍

32) 헤이세이 7년 : 1995년

그림 1.17 보이드 내의 연기 상승 개념도

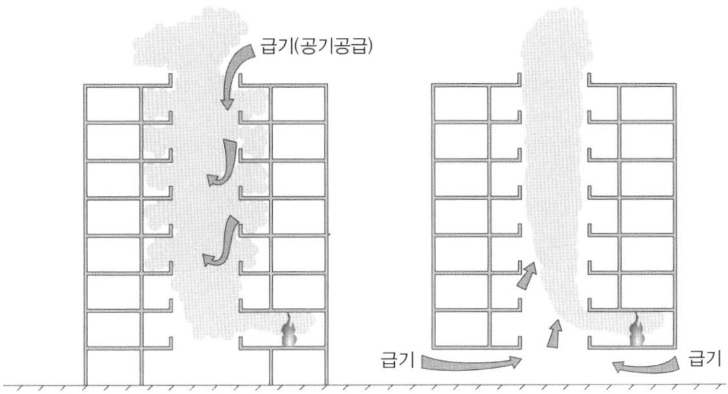

그림 1.18 특정 광정의 규정(소방법)

[특정 광정에 해당]

광정의 높이 ($H \leq$15m)의 경우	외벽간 거리(D)가 6m 미만
광정의 높이 ($H>$15m)의 경우	외벽간 거리(D)는 H×1/2.5m 미만

광정의 높이(H)　　광정의 외벽간 거리(D)

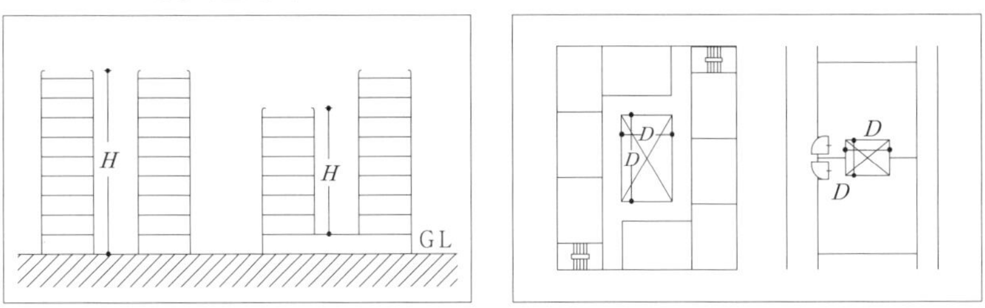

1.6.3 피난안전검증의 이용

1. 피난안전검증의 이용

공동주택에 있어서 일반적인 평면계획에서는 피난안전검증을 이용하는 목적은 찾아보기 힘들다. 피난안전검증법의 고시를 보면, 주택의 가연물량은 다른 시설의 방에 비하면 가장 큰 수치가 되어 있다. 주택공간의 크기와 가연물의 양, 나아가 재관자(在館者)[33]의 특성을 생각하면, 공동주택은 가장 피난안전검증에 부적절한 건물이라고 할 수 있다.

2. 성능설계의 예

(1) 건물개요

고층 공동주택의 예로서, 오모리(大森) 프로스트시티 레지던스의 건물개요를 표 1.18에 나타낸다.

표 1.18 오모리 프로스트시티 레지던스의 건물개요

건물명칭	오모리 프로스트시티 레지던스
건물개요	• 장 소 : 도쿄도 • 용 도 : 공동주택(분양 546호) • 총바닥면적 : 68,000㎡ • 층 수 : B2F~25F • 구 조 : RC
설계루트	층 피난안전검증(루트C) 장관인정 : 2003년 9월
설계자	(주)도오큐우(東急) 설계 컨설턴트

(2) 성능설계의 개요

건물구성은 편측 개방복도 · 부분면 연속 발코니로 하고, 피난계단은 건물 양끝에 특별피난계단을 2곳에 설치하였다. 그림 1.19는 기준층 평면이다.

최대 보행거리는 약 100m가 되므로, 층 피난안전검증에 따라 보행거리의 규정을 적용제외하였다.

주택과 외부복도 사이에 보이드를 설치함으로써 주택의 개구부와 피난복도 사이에는 충분한 이격거리가 확보되었기 때문에, 창문 등으로부터의 분출화염에도 안전하다.

---

33) 재관자(在館者) : 건물에 있는 사람

복도를 3분할하는 위치에 비상용 엘리베이터를 설치하였다.

그림 1.19 오모리 프로스트시티 레지던스 기준층 평면도

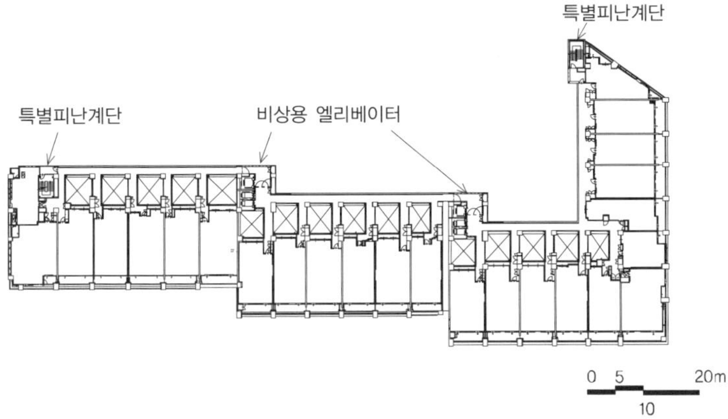

1.7 병 원

1.7.1 병원의 화재 실태

병원의 화재사례를 표 1.19에 발화원인을 그림 1.20에 나타낸다.

표 1.19 병원의 화재사례

년	소재지	개 요	사상자[명]
1991	미에	병원의 자전거 세우는 곳에서 발화. 철골 일부 목조 2층 건물에 옮겨 붙어, 2층 병실 3실 중심으로 54m² 소손(燒損)	3
1996	나라	병원조리실에서 가스관 수납덕트를 열자 프로판가스 폭발. 유리창이 깨어지고 바닥과 천장의 일부 손괴	3
1997	나가노	목조 2층 건물 외과의원에서 발화. 550m²를 거의 전소. 2층의 72세 입원남성 사망	1
1997	군마	병원 2층 병실 2m²를 태우고, 자고 있던 여성환자 소사(燒死). 담뱃불의 뒤처리 소홀	1
1997	에히메	성형외과에서 수술기구를 놓는 스테인리스제 트레이를 열소소독 중 알코올에 인화. 수술대의 환자 화상	4

표 1.19 병원의 화재사례

(표 계속)

년	소재지	개 요	사상자[명]
1999	도쿄	병원 2층 화장실 내에서 발화. 화장지 등을 태움. 입원환자 272명 피난. 60세 여성환자가 피난 시 골절, 환자 3명 일산화 탄소 중독	4
2000	도쿄	14층 건물 병원의 병동 8층 병실에서 81세 여성환자가 담배를 피우다 잠옷에 인화. 화상	1
2000	교토	병원 1층 감찰실에서 치료도중 환자의 인공호흡기에서 화염. 다른 환자 64명은 간호원들의 유도로 피난	불명
2000	군마	RC구조 2층 건물 병원의 병동 1층 살롱실 내부 15㎡ 소손(燒損). 입원환자 6명이 연기를 마셔 다른 병원으로 반송	6
2004	교토	병원 창고에서 액체산소 봄베 폭발. 남쪽 민가가 폭풍을 받아 화재	10

(특정비영리활동법인 재해정보센터 데이터베이스에서)

그림 1.20 병원화재의 발화원인

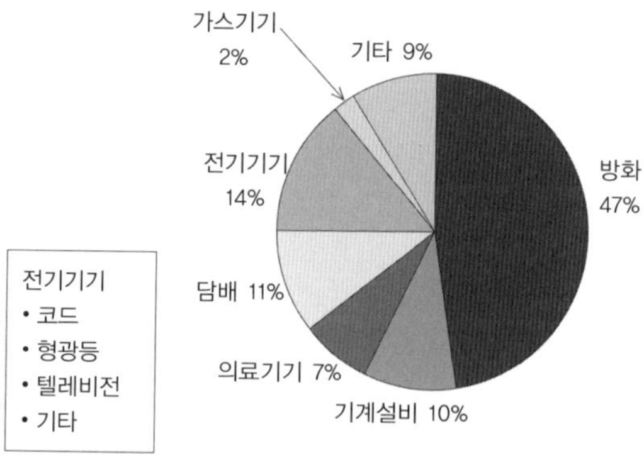

(도쿄소방청 감수 : 화재의 실태, (재)도쿄방재지도협회(1996)에서)

1.7.2 방재계획의 수립방법

1. 방재계획의 포인트

병원은 신체적 능력 · 판단능력 등이 떨어지는 사람이나 자력피난이 곤란한 환자가 많은 점, 그들의 취침용도인 점. 게다가 병문안 손님 등의 불특정다수가 이용하는 24시간 가동시설이라고 하는 방재상 매우 어려운 특성을 가진다.

또 한 가지의 특성은 의료기술의 진보에 의한 기능의 변경이 많으므로 다른 건물에 비해 개수·개축·증축이 빈번하게 일어하는 점이다. 이러한 공사에 대응하기 위해서는 동마다의 방재계획의 독립성을 구축해 둘 필요가 있다.

방재계획 포인트는 자력피난곤란자 대책과 방재조닝의 구축이다.

2. 방재조닝

병원시설은 기능과 체재하는 사람의 분류에서

① 병실과 간호 제실로 되어 있는 병동

② 진찰, 처치, 검사, 약국 등으로 되어 있는 외래진료

③ 방사선, 인공투석, 이학요법, 수술, 구급 등으로 되어 있는 중앙진료

④ 사무, 의국 등으로 되어 있는 관리 제실

⑤ 주방, 세탁 등으로 되어 있는 서비스

등으로 구성된다.

방재조닝에서는 기능과 체재하는 사람의 특성 및 사용시간대로부터, 상기의 5가지 공간에서 방재구획을 실시하여 5개의 공간 내에서 피난시설, 방재설비를 완비하는 계획으로 하는 것이 바람직하다. 방재조닝을 함으로써 장래의 개수, 증개축에 있어 방재계획상의 대응이 용이해진다.

3. 병동의 피난구조방법

병동에서는 자력으로 피난 가능한 사람이 적다. 일반적인 종합병원의 피난·구조의 간호구분은 독보(獨步), 호송(護送), 들것이동[34]의 3종류로 나눌 수 있다. 독자적으로 걸어서 피난할 수 있는 독보 환자비율은 병원 전체에서 약 반수 정도이다. 외과계에서는 간호자의 간호가 필요한 호송 및 스트

---

34) 들것이동 : 담송(擔送)이라고도 함.

렛쳐(들것) 등으로 이동하지 않으면 안 되는 들것이동 환자 수는 약 80%나 된다.

간호자가 적은 야간에 재해가 발생한 경우에 환자 전원을 피난·구조시키는 것은 큰 노력과 장시간을 요한다. 병동의 피난·구조시간의 단축화를 도모하는 방법으로, 수평피난방식과 발코니 피난방식이 있다.

(1) 병동의 수평피난방식

수평피난이란 병동 층을 복수로 방화구획하여, 어떤 공간에서 화재가 발생했을 때, 화재 공간의 사람은 비화재 공간에 수평으로 이동한 시점에서 일시적으로 피난이 완료된다는 방법이다. 수평피난구획의 위치는 야간 간호사 수가 적은 상황에서의 환자호송, 들것이동의 시간을 고려해서 설정하는 것이 바람직하다. 비화재 공간에는 반드시 계단실이 배치되어 있도록 구획 위치를 설정한다.

(2) 병동발코니 피난방식

병동발코니는 피난구조만이 아니라 상층으로 화재가 확산되는 것을 방지하는데 유효한 것이다. 발코니는 뒤늦게 대피하는 환자가 피난하거나, 들것이동 환자를 일시적으로 이동시키거나, 소방대의 진입과 구조활동에도 활용할 수 있다. 하지만, 일상 안전성이나 비둘기에 의한 공해 등의 위생면에서 발코니를 설치하지 않은 병원이 늘고 있다.

발코니를 설치하지 않는 병원은 안전구획(피난복도)의 안전성 향상과 수평피난 확보가 중요하다.

(3) 병동의 피난·구조의 실태

병동의 피난 ·구조의 방법에는 독보(獨步), 호송(護送), 들것이동의 3종류가 있다. 그 중 들것이동에서는, 스트렛쳐에 의한 것, 휠체어에 의한 것, 시트로 싸서 견인하는 것과 같이 3종류가 일반적이다. 들것이동은 병실의 환자를 안전한 공간에 구조하기 위해 몇 번이고 반복해서 환자를 옮기지 않으면 안 된다.

하세미 유우지(長谷見雄二)(와세다대학 교수)/쯔치야 신이치(土屋伸一)(아케노설비연구소)들은 실제의 병원에 있어서 들것이동 환자의 피난행동의 실측을 하고 있다. 실측에서는 간병인이 4명의 환자를 반복해서 들것이동하는 것으로, 들것이동 형태마다의 피난 소요시간의 측정을 하고 있다. 그림 1.21에 실측한 병동의 겨냥도[35], 표 1.20에 실측한 피난 소요시간을 나타낸다.

실측 결과를 보면, 스트렛쳐에 의한 들것이동은 환자를 옮겨 싣는 데 시간이 걸리며, 게다가 간병인의 경험의 차이에 의한 시간차이가 나타나고 있다. 시트에 의한 들것이동(그림 1.22)은 반복이동에 의한 체력적인 소모에 의해 이동속도의 저하가 보인다. 실측 결과에서도 병동의 수평이동구획과 피난구조훈련의 중요성을 알 수 있다.

그림 1.21 들것이동 실측 병동의 겨냥도

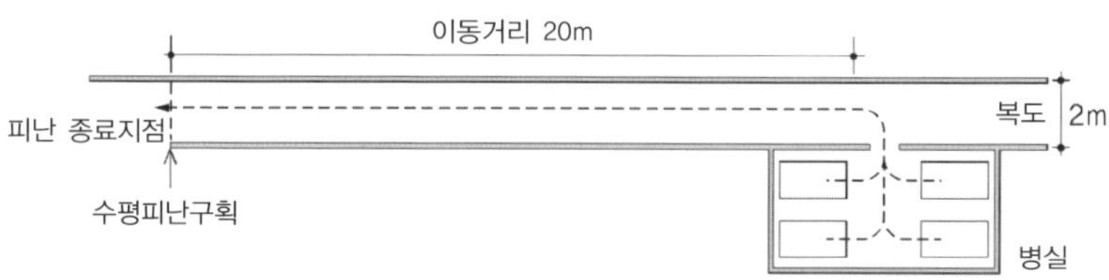

표 1.20 들것이동에 의한 이동 소요시간

들것이동방법	환자 1명을 이동하는 소요시간	비 고
스트렛쳐에 의한 이동	약 45 ~ 75초	환자는 전 간병자 간병인은 1명
휠체어에 의한 이동	약 30 ~ 45초	환자는 반 간병자 간병인은 1명
시트에 의한 이동	약 35 ~ 45초	환자는 전 간병자 간병인은 2명

35) 겨냥도 : 도형을 일정한 방향으로 본 것을 약식(略式)으로 그린 그림. 견취도(見取圖)라고도 함.

그림 1.22 들것이동 구조(시트에 싸서 견인) 모습

4. 안전구획의 형성

안전구획이란 계단실로 통하는 복도로, 화재실의 연기를 일시적으로 차단하는 성능이 요구된다. 일시적이란 것은 화재실과 비화재실의 사람이 계단실 또는 안전한 공간에 피난할 때까지의 시간을 말하는 것이므로, 발화 후 5~10분 정도의 사이다.

병동 층에서는 환자나 간호사가 출입하는 병실문은 출입을 용의하게 하기 위해 열어둔 채로 사용하고 있는 경우가 많아, 이런 상태로는 병실이 발화한 경우에 연기가 복도에 유출되어버려 복도는 안전구획으로서의 성능은 확보될 수 없다.

안전구획의 구성은 ① 천장 속까지 벽을 세워 올린다, ② 안전구획에 접한 문 등의 개구부는 자동폐식의 불연문으로 한다, ③ 화재실에서 새어나온 연기를 배출하는 배연설비를 설치하는 등의 대책을 강구하지 않으면 안 된다. 병동의 스태프 스테이션도 이용편의상 복도에 접해서 개방되어 있는 경우가 대부분이다. 하지만, 스태프 스테이션도 발화의 위험성은 있기 때문에 발화 시의 연기확산대책을 세울 필요가 있다. 대책은 ① 스태프 스테이션의 개구부를 셔터 등으로 구획한다, ② 카운터 주변의 좁은 범위를 오픈으로 하고 다른 부분은 구획한다, ③ 카운터 상부는 길게 방연 수직벽으로 둘러싸게 하고 개구면적을 가능한 작게 하고 스태프 스테이션 내에는 배연설비를 설치하

는 등으로 한다. 그림 1.23은 병동층의 수평피난과 스태프 스테이션 주변의 형성의 예이다. 스태프 스테이션은 오픈형태로 하고 엘리베이터 홀, 라운지 등과 일체가 되는 방화구획을 형성하고 있다. 이 구획에 의해 병동층은 3개의 방화구획이 형성되어 수평피난이 가능하게 되어 있다.

그림 1.23 병동층의 구성

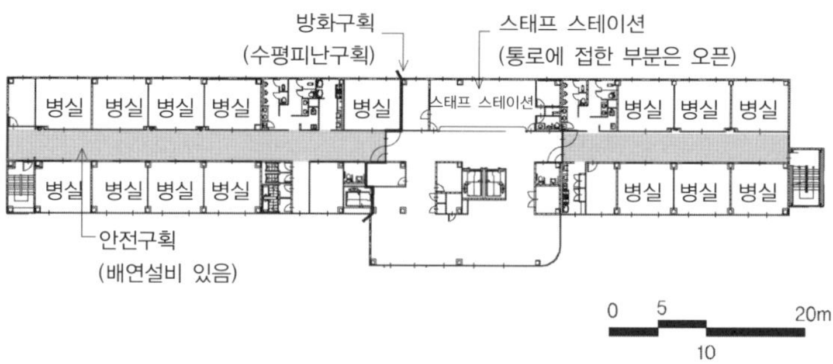

5. 농성구획의 형성

수술실이나 ICU, CCU 및 인공투석실 등의 환자는 움직이게 할 수 없으므로, 이러한 방에서는 피난하는 것보다 속에 숨게 한다는 생각이다. 이것이 농성구획이다. 이들 방에 있어서는 내부에서의 발화 방지를 철저히 하고, 다른 부분에서의 화재의 영향을 받지 않는 구조로 하지 않으면 안 된다.

농성구획의 구조는 설비 등의 관통처리 등에 배려하고 방화구획을 견고히 하여 출입구 등의 개구부는 이중 방화구획으로 하는 등의 배려가 필요하게 된다. 농성구획의 직하층에는 주방 등 발화의 위험성이 있는 방은 만들지 않는 것도 중요한 요소이다. 구조대책으로서 구획 내에는 외부에 직결되는 계단을 설치하는 것이 바람직하다.

배연설비는 세로 주덕트에서의 단독 계통으로 하고, 다른 부분과의 방화댐퍼를 나누어서 구획 외의 화재의 영향을 받지 않고 운전될 수 있도록 하는 대책이 필요하다. 다른 공조, 전기설비 등도 방화상의 독립성을 확보하지 않으면 안 된다.

6. 증개축 시의 대응

병원건축은 의료기술의 진보에 의한 기능의 변경, 건물의 개수·개축·증축이 많고 오랜 세월에 걸쳐 공사가 반복되는 예가 많아서, 법령개정에 따른 기존 부적격 건축물의 보충하는 상태로 되어 있는 경우도 적지 않다.

증축을 하는 경우에는 접속부는 양 끝을 방화구획으로 하여 구획 내에는 자연배연을 설치하는 등, 쌍방의 건물에 가해(加害)와 수해(受害)를 일으키지 않은 형태가 바람직하다. 접속부의 용도는 통행만을 제공하고 가연물의 설치가 없게 한다. 당연히 각각의 건물에서 방화·피난관련 규정을 만족시키는 것이 원칙이다.

1.7.3 피난안전검증의 이용

1. 피난안전검증의 내용

병원은 자력피난 곤란자가 체재하는 시설이라는 점에서 피난안전검증의 적용은 원칙적으로 할 수 없게 되어 있다. 하지만, 진찰부문만인 것과 건물에 있는 사람의 피난에 지장이 없는 것을 입증하는 것으로 장관인정(루트C)이 가능하게 된다. 사무소 빌딩 내에 테넌트로 들어오는 진료소나 건강검진전문병원 등도 마찬가지로, 건물 전체 중 시설로서의 안전성능을 검증하지 않으면 안 되므로 복합건물의 계획 시에는 주의를 요한다.

1.8 학 교

1.8.1 학교의 화재 실태

학교의 화재사례를 표 1.21에, 발화원인을 그림 1.24에 나타낸다.

표 1.21 학교의 화재사례

년	소재지	개 요	사상자[명]
1998	도쿄	초등학교 1층 급식실에서 튀김솥에 불이 인화. 기름에 불이 붙음. 아동들 피난	2
1998	도쿄	초등학교 1층 급식실에서 발화. 60㎡소손(燒損). 튀김남비 과열	1
1998	야마쿠치	목조 3층 건물 고등학교 교사에서 발화. 1000㎡ 전소	1
1998	도쿄	초등학교 1층 급식실에서 발화. 소형화재. 학생들 피난	1
1999	지바	초등학교 이과실 옆 준비실에서 6학년 아동이 성냥을 그어서 놀다 메탄올에 인화. 화염 오름	5
1999	도쿄	초등학교 급식실에서 발화. 천장과 벽 20㎡ 태움. 아동들 267명 피난	1
1999	홋카이도	문화제 행사를 하던 고등학교 3층 건물에서 발화	8
1999	도쿄	초등학교 급식조리실에서 발화. 벽과 천장 등을 태움. 냄비의 기름에 인화	3
1999	이바라키	목조 2층 건물 주택에서 인화, 2동 전소. 인접한 중학교에서는 중간시험 중단하고 피난	0
2000	도쿄	중학교 1층의 RC구조 급식실에서 발화. 20㎡ 태움. 튀김기름 과열. 215명 일시피난	불명
2001	사이타마	초등학교 교사 2층에서 발화. 목조 2층 건물 854㎡ 중 400㎡ 태움. 학동보육실에 있던 1~3학년생과 교내의 4~6학년생 교정에 피난	0
2001	도쿄	체조교실 개최중 대학 체조장에서 연습용 우레탄매트 부근에서 발화 초등학생들 피난시킨 후 소화시키려 했지만, 연기가 심하여 접근할 수 없어 화재 확산. 3~4층의 바닥과 벽 등 1350㎡ 태움	3

(특정비영리활동법인 재해정보센터 데이터베이스에서)

그림 1.24 병원화재의 발화원인

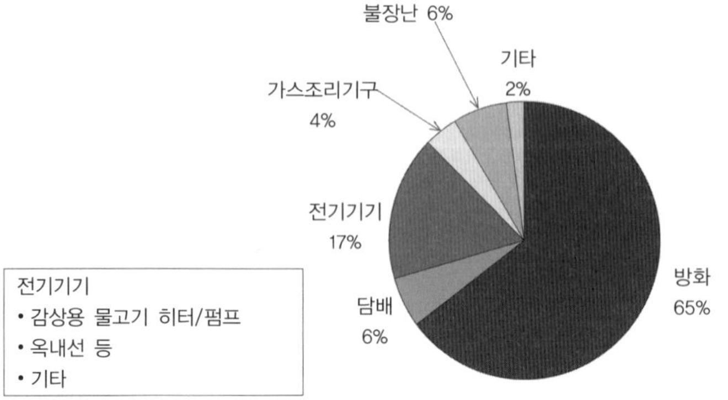

(도쿄소방청 감수 : 화재의 실태, (재)도쿄방재지도협회(1996)에서)

1.8.2 방재계획의 수립방법

1. 방재계획의 포인트

학교건축은 일반적으로 저층이고 개방성도 높고, 복도와 계단의 배치계획은 다수가 사용한다는 일상의 편리성을 중시하고 있기 때문에 방재상의 문제는 별로 없었다. 하지만, 이러한 종래의 학교건축에 비해 공간형태의 다양화, 이용형태의 다양화 등에 따라 학교건축의 디자인은 크게 변화하고 있다. 크게 위가 뚫린 공간을 가지는 초·중학교, 특수한 구법을 이용한 고등학교, 고층화되는 대학 등, 방재계획적으로도 주의하지 않으면 안 되는 공간형태가 많아지고 있다.

화재사례를 보면, 학교는 반드시 안전한 건물이라고 말할 수 없는 것을 알 수 있다. 학교는 수용인원이 많고 초등학교 등은 비상시의 피난유도가 원활하게 이루어질지가 걱정되며, 위험물이 저장되어 있는 실험실은 발화의 위험성이 크다. 게다가 대학의 연구실 등은 관리가 나빠서 잡다하게 사용되고 있는 경우가 많으므로, 일단 화재가 발생하면 피해가 확대될 우려가 있다.

고층 학교는 폐쇄성이 높고 오피스빌딩과 다를 바 없는 형태이지만, 법규제에서는 배연설비의 설치가 면제되어 있다. 폐쇄성이 높은 공간에서 발화하면 연기는 복도에 확산되고, 게다가 계단실 등의 종혈구획에 유입되어 연돌효과에 의해 상층에 퍼져버릴 위험성이 크다.

방재계획의 포인트는 피난안전이 확실하게 확보되는 안전구획(복도)의 성능확보이다.

2. 안전구획과 배연설비의 설치

학교건축은 건축기준법에서는 배연설비의 설치는 의무화되어 있지 않아 폐쇄성이 높은 학교의 경우 발화시의 연기배출의 방도가 없다. 교실 문은 사용 편의상 미닫이문으로 된 경우가 많다. 미닫이문은 일반적으로 자동폐기구가 달려있지 않기 때문에 열려진 상태에서 화재가 발생하면 연기는 복도에 확산되어 버린다. 이러한 상태에서 다수가 피난하지 않으면 안 되는 복도는 안전구획으로서의 안전성이 전혀 확보되어 있지 않다고 말할 수 있다.

안전구획을 형성하기 위해서는 복도에 접해 있는 문은 자동폐식 불연문으로 하는 것이 바람직하다. 일상의 이용편의상 피난문의 자동폐식이 곤란한 경우는 복도에 연기가 새어나와도 유효하게 배출되면 안전이 확보될 가능성도 있다. 배연설비의 사양은 반드시 법령에 따르는 것이 아니더라도, 배출위치와 개방방법을 생각한 연기제거설비를 설치하면 피난안전의 향상이 도모된다.

(1) 복도의 자연배연

학교의 복도는 안전구획으로서의 성능이 충분하지 않은 경우가 많다. 그것은 교실 출입구 문의 구조와 난간부분에 유리창이 들어가 있는 등, 방연성능이 거의 없다고 해도 좋다. 이러한 상태에서 화재가 발생하면 연기는 복도에 새어나와 연기가 도달하는 곳은 계단실 안이 된다.

피난안전의 향상을 도모하기 위해서는 복도에 자연배연을 설치하는 것이다. 개구면적은 법령의 규정을 만족시키지 못해도 급기경로를 생각하는 등의 대응으로 충분한 효과가 기대된다.

(2) 부속실의 가압방연

고층 대학에서는 연돌효과에 의한 계단실에의 연기 유입을 방지하지 않으면 안 된다. 그러기 위해서 특별피난계단 부착실에 가압방연 시스템을 채용하는 것이 가장 효과를 기대할 수 있다. 복도 끝부분에는 가압급기의 압력 빼는 것과 연기제거(제연 : 除煙)를 위한 외부개구를 설치하고 있다.

가압방연 시스템은 몇몇 고층 대학에서 채용하고 있다.

1.8.3 피난안전검증의 이용

1. 피난안전검증의 이용

학교형태의 다양화의 경향은 종래의 학교건축에 보이지 않던 큰 위가 뚫린 공간을 가지는 초·중학교, 특수한 구법을 이용한 고등학교, 초고층 대학 등이 출현하고 있다. 이러한 학교에서는 건축기준법에 준거한 계획이 되지 않는 경우가 많아서, 피난안전검증에 의해 종혈구획의 적용을 제외하는 등을 하고 있다. 또한 자주적으로 가압방연 시스템을 채용하여 안전성 향상을 도모하는 학교도 있다.

2. 성능설계의 예

(1) 건물개요

학교의 예로, 가가미노(鏡野)정립(町立) 가가미노중학교의 건물개요를 표 1.22에 나타낸다.

표 1.22 카가미노 정립 가가미노중학교의 건물개요

건물명칭	카가미노 정립(町立) 가가미노중학교
건물개요	• 장 소 : 오카야마현 • 총바닥면적 : 68,000㎡ • 층 수 : 1F ~ 3F • 구 조 : RC구조
설계루트	전관피난안전검증(루트C) 장관인정 : 2003년 2월
설계자	(주)닛소오켄(日総建)

(2) **성능설계의 개요**

1층에서 3층의 3층까지 뚫린 공간을 가지는 초등학교가 있다. 그림 1.25는 기준층 평면이다. 위가 뚫린 공간의 기저부는 다목적 홀, 각 층의 뚫린 공간 주변에 복도가 있다. 전관피난안전검증에 의해 종혈구획의 규정을 적용제외하는 것으로 위가 뚫린 공간 주변의 방화구획은 세 층 합쳐서 1,500㎡마다 면적구획을 형성하고 있다. 각층의 교실에서 피난은 위가 뚫린 공간의 복도를 사용하지 않고 직접 외부 발코니에 피난하는 것으로, 지상에 이르는 피난경로를 확보하고 있다. 부지는 경사지로 되어 있기 때문에 각 층의 모든 외부 발코니는 지상에 접속되어 있다.

그림 1.25 가가미노(鏡野)중학교 기준층 평면도

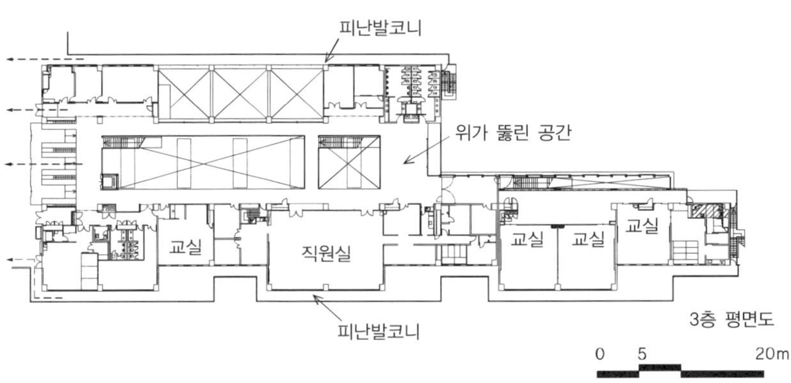

1.9 복합건물

1.9.1 방재계획의 수립방법

1. 방재계획의 포인트

건물이 복합화하면 이용형태, 공간형태 및 관리형태 등의 방재상의 특성이 각각 다르므로, 건물 전체의 방재계획과 용도마다 방재계획이 필요하게 된다.

건물이 대규모화, 복합화되는 것으로 방재상 우려되는 것은 재해규모의 확대, 피난동선의 복잡화, 통보·피난유도·초기소화·구조 등의 대응시간의 증가, 관리의 다원화와 광역화, 방재 정보량의 증가 등이다. 그림 1.26은 복합건물의 방재계획의 구상이다.

방재계획의 포인트는 방재블록의 구축과 방재블록마다 방재계획이 완결되는 형태를 만드는 것이다.

그림 1.26 복합건물의 방재계획

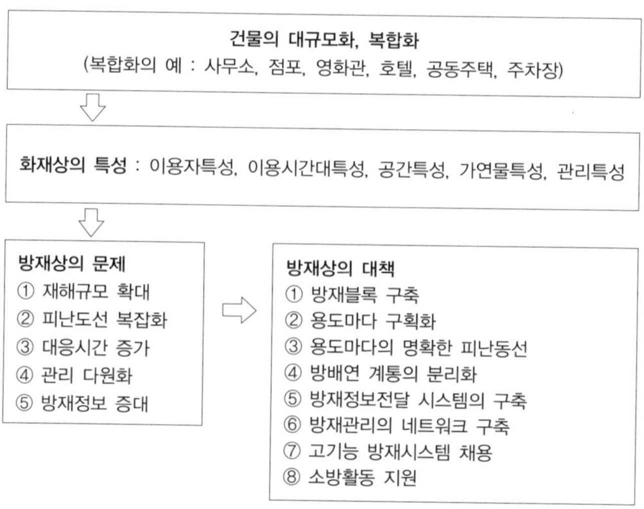

2. 재해블록

대규모 복합건물에서는 이용형태, 공간형태, 관리형태 등의 형태마다 견고한 방화구획을 시행하여 각각의 범위를 방재블록으로서, 방재블록마다 방재계획을 세우는 것이다. 방재블록의 형성은 건물 운용중 개수(改修)나 개선 및 모양변경 등에도 유효하게 기능하게 된다. 방재블록 사이의 접속방법은 서로 방화구획한 이중구획 구조의 완충대 구조에 준한 형태로 하는 것이 바람직하다. 완충대에 대해서는 본 항 5.를 참조.

3. 방재블록의 사례

■ 1 삿포로(札幌)역 빌딩

(1) 건물개요

복합건물의 예로, 삿포로역 빌딩의 건물개요를 표 1.23에 나타낸다.

표 1.23 삿포로역 빌딩의 건물개요

건물명칭	삿포로역 빌딩
건물개요	• 장 소 : 삿포로(札幌)시 • 용 도 : 역 시설, 점포, 사무소, 호텔, 영화관 • 총바닥면적 : 약 280,000㎡ • 층 수 : B4F ~ 38F • 구 조 : RC, SRC, S
설계자	(주)일본건설
기 타	구법 제38조에 의해 장관인정 취득

(2) 방재블록의 개요

이용형태가 완전히 다른 복합용도의 거대시설에서는 비상시의 대응을 확실하면서도 원활하게 하기 위해서는, 형태가 다른 공간을 블록화하여 각각의 블록마다 방재계획을 완결하는 것이다.

삿포로역 빌딩에서는 그림 1.2에 나타내는 것과 같이, 역시설, 대형점포, 전문점포, 사무소, 호텔, 시네마 등 이용형태가 다른 공간, 나아가 지하가,

지하철 등도 방재블록화를 도모하고 있다.

저층의 화재블록간은 이중의 방화구획을 시행하여 완충대에 준하는 구조를 형성하고 있다.

그림 1.27 삿포로 빌딩에 있어서의 방재블록

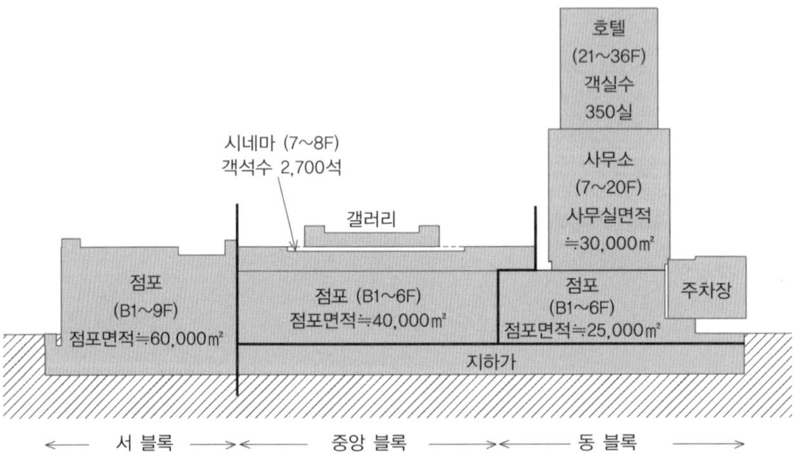

2 셀리안 타워

(1) 건물개요

복합건물의 예로서 셀리안 타워의 건물개요를 표 1.24에 나타낸다.

표 1.24 셀리안 타워의 건물개요

건물명칭	셀리안 타워
건물개요	• 장 소 : 도쿄 · 시부야 • 용 도 : 사무소, 호텔, 점포 • 총바닥면적 : 약 110,000㎡ • 층 수 : B6F ~ 41F • 구 조 : S, SRC, RC
설계자	(주)관광기획설계사 (주)도오큐우(東急)설계 컨설턴트
기 타	구법 제38조에 의해 장관인정 취득

(2) **방재블록의 개요**

초고층 건물의 저층은 사무소, 고층이 호텔의 구성이다.

호텔 숙박 층은 19층에서 38층으로 되어 있고, 비상시에는 단숨에 피난층까지 내려오는 것은 곤란하다고 예상된다. 17층과 18층에 기계실 층을 설치하고 있어서, 이 층에서 특별피난계단을 방향을 틀어 설치하여 계단실을 고층과 저층에 분리하고 있다.

그림 1.28 셀리안 타워에 있어서의 방재 블록도

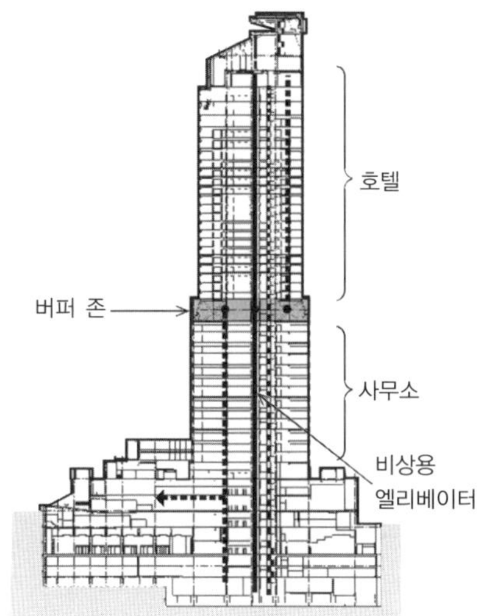

4. 별동(別棟) 취급

대형 복합건물의 경우, 법적인 취급 등의 범위를 한정하고 있으므로 별동 취급을 하는 경우가 있다. 기존 건물과 접속하는 경우에 있어서도 마찬가지이다. 별동 취급에는 건축기준법상 별동과 소방법상의 별동 및 방재계획상 별동 취급이 있다.

(1) 건축기준법상 주된 별동 취급의 요건

a. (영 제117조 제2항) 개구부가 없는 내화구조의 바닥 또는 벽으로 구획되어 있는 경우는, 피난시설에 관한 규정에 있어서는 각각의 동과는 별동으로 본다.

b. (영 제126조의 2 제2항) 개구부가 없는 준내화구조의 바닥, 벽 또는 방화설비로 구획되어 있는 경우는 배연설비에 관한 규정에 있어서는 각각의 동은 별동이라고 본다.

c. 〈건축물의 방화피난규정의 해설, 2002, 일본건축행정회의 편, 행정(2002)〉 방화피난의 규정상 별동이라고 보는 사양은 이하와 같다.

가. 접속부분의 용도는 통행을 위한 통로, 복도만으로 한다.

나. 접속부분의 개구부의 폭은 통행에 필요한 폭으로 한다.

다. 접속부분의 쌍방에 특정방화설비를 설치한다.

라. 접속하는 쌍방의 건물의 접속부분 주변의 외벽은 연소(延燒 : 불이 옮겨 붙음)의 우려가 있는 부분에 관한 규정에 준거한다.

마. 접속하는 쌍방의 건물은 단독으로 방화·피난규정에 적합하게 한다.

(2) 소방법상의 주된 별동취급의 요건

a. 두 건물을 잇는 복도로 접속되어 있는 경우

가. 두 건물을 잇는 복도는 통행, 운반의 용도로 하고 가연물은 두지 않는다.

나. 목조 이외의 건물에서는 건물을 잇는 복도의 유효폭원은 6m 미만으로 한다.

다. 접속 건물의 상호간 거리는 1층에서는 6m 이상, 2층 이상에서는 10m 이상으로 한다.

b. 지하연락로로 접속되어 있는 경우

가. 지하연락로는 통행, 운반의 용도로 하고 가연물은 두지 않는다.

나. 지하연락로의 길이는 6m 이상, 폭원은 6m 이하로 한다.

다. 연락로는 양 끝의 출입구 부분을 제외하고 개구부가 없는 내화구조의 벽과 바닥으로 구획하고, 개구부는 4㎡ 이하의 특정방화설비를 설치한다.

c. 상기의 조건을 만족시키지 못하는 경우의 특인

가. 각 동이 방화·피난상 독립한다.

나. 각 동간에는 불과 연기의 영향이 없다.

다. 접속부에 완충대를 설치한다.

라. 완충대까지의 불과 연기의 영향은 허용한다.

(3) **방재계획상의 별동**

방재계획상, 성능설계상에 있어 별동 취급으로 하기 위해서의 사양은 이하와 같이 한다.

가. 접속부분의 용도는 통행을 위한 통로, 복도 등으로 하고, 가연물의 설치는 없다.

나. 접속부분의 쌍방에 특정방화설비를 설치한다.

다. 접속공간에는 배연설비를 설치한다. 기계배연의 경우는 단독 계통으로 한다.

라. 별동 취급으로 하는 쌍방의 건물은 단독으로 방화·피난규정에 적합하게 한다.

5. 완충대(버퍼존)

도시형 건물에서는 그 건물 자체의 복합성이라고 하기보다는 전혀 질이 다른 시설과의 접속이 발생하는 경우가 있다. 그것은 지하철이나 지하가와의 접속, 지하도에 의한 별도 부지의 건설과의 접속 등이다. 이러한 경우, 각각의 시설에 관련된 법규제가 전혀 다른 경우가 많기 때문에 법적인 절연이 필수적이다. 그 절연의 구조가 완충대이다. 완충대는 일반적으로 소방법 취급으로 설치되는 것인데, 피난안전검증을 적용하는 경우의 건축기준법

취급에 있어서도 성능적인 절연을 목적으로 설치하는 경우도 있다. 완충대의 성능을 쌍방의 건물에 가해(加害)와 수해(受害)를 발생시키지 않는 것이다. 그림 1.29에 완충대의 구조, 표 1.25에 완충대의 성능을 나타낸다.

그림 1.29 완충대의 구조

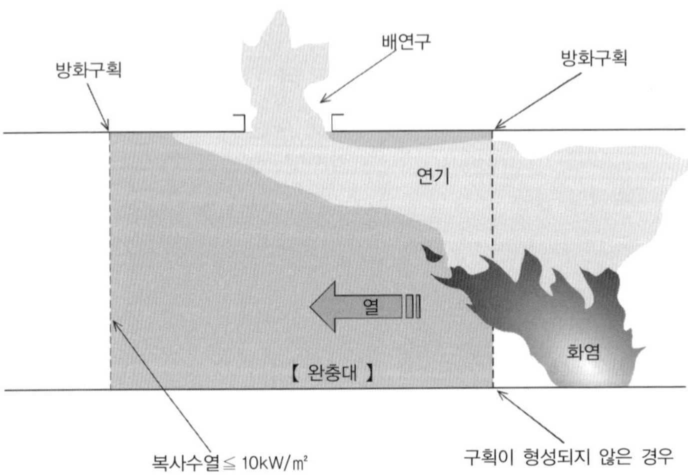

표 1.25 완충대의 성능

항 목	성 능	대 응
발화방지	완충대에서 발화하지 않는다.	가연물 설치가 없다.
	완충대에서 발화, 혹은 연소(延燒 : 옮겨 붙음)되어도 초기소화될 수 있다.	스프링클러설비를 설치한다.
연소방지	완충대를 통해서 접속동에 연소되지(옮겨 붙지)않는다.	완충대의 양끝에서 방화구획을 한다(이중구획).
	완충대에 연소되어도 접속동에는 연소되지 않는다.	
연기 전파방지	완충대를 통한 접속동에 연기 확산이 없다.	배연설비를 설치한다. (기계배연의 경우, 단독계통으로 한다).
	완충대에 연기가 침입해도 접속동에 연기 확산이 없다.	
피난안전	완충대를 피난경로로 하지 않는다.	완충대로부터의 피난출구를 설치한다.
	완충대로부터 쉽게 피난할 수 있다.	

6. 관리운영

대형복합건물에서는 방재관리와 방재정보 네트워크 체제를 확립하고, 평상시의 관리와 훈련을 시행하지 않으면 비상시에 원활한 대응은 기대할 수 없게 된다.

그림 1.30은 삿포로역 빌딩에 있어서의 방재관리 네트워크의 예이다.

그림 1.30 삿포로역 빌딩에 있어서의 방재관리 네트워크

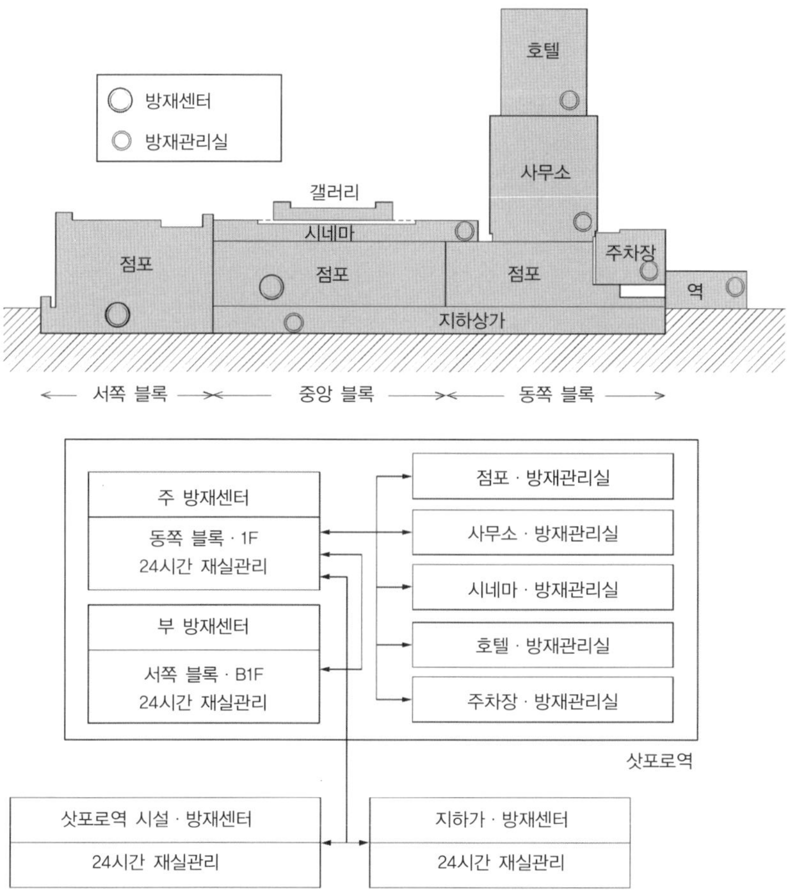

1.10 대공간, 아트리움

1.10.1 방재계획의 수립

1. 방재계획의 포인트

대공간, 아트리움이란, 천장높이가 높고 수평방향으로 넓은 공간으로, 엔트런스 로비 등에 설치된 위가 뚫린 공간이나 전시장 · 운동시설 등의 용도의 공간을 말한다. 대공간, 아트리움의 화재는 통상의 천장이 높은 공간과 달리, 공간용적이 크고 개방성이 높기 때문에 플래시오버가 일어나기 어려울 뿐만 아니라 멀리까지 잘 보이기 때문에 피난행동 예측과 연기성상 예측이 쉬운 경우가 많다.

대공간에 있어서의 방화구획과 배연설비의 규정은 운동시설과 공장 등 용도상 공간형태상 어쩔 수 없이 면제되는 경우도 많지만, 일반적으로는 면적구획, 종혈구획 및 배연설비 모두 법령에 따르지 않으면 안 된다. 하지만, 공간의 형태에 따라서는 10m를 넘는 높은 천장으로부터 방화셔터를 강하시키거나 높은 천장면에 방연수직벽을 설치하지 않으면 안 되는 등 합리성이 결여되는 계획이 되어버린다.

방재계획의 포인트는 대공간, 아트리움의 공간특성을 이용한 화재성상 예측, 피난행동 예측, 연기성상 예측 등의 상세한 검증(루트C)을 이용한 성능설계를 하여 합리적으로 안전성이 높은 공간을 실현하는 것이다.

2. 위가 뚫린 공간 주변의 구획방법

다층에 걸쳐 위가 뚫린 공간의 방화구획은 그림 1.31에 나타내듯이 뚫린 공간의 각 층 바닥 끝부분에서 구획을 설치하는 것이 법령으로 규정되어 있다. 하지만 피난에 사용하지 않는 회랑(回廊), 국부적인 계단 및 에스컬레이터 등은 뚫린 구조와 일체의 구획이 가능한 경우도 있기 때문에 계획시에 건축사(보)에게 상담하는 것을 권장한다.

그림 1.31 위가 뚫린 구조 주변의 구획방법

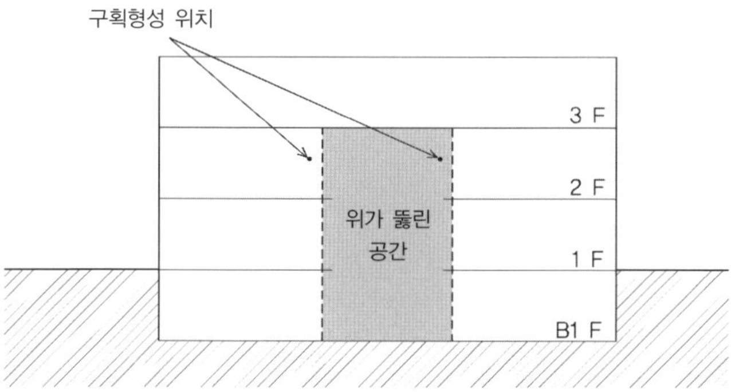

위가 뚫린 공간의 하나로, 건물과 건물 사이의 공공도로와 같은 공간을 유리로 덮은 아트리움공간이 있다. 이러한 공간도 옥내취급이 되어 방화구획의 규정(면적, 종혈, 이종용도)과 배연설비의 규정이 적용되는 경우가 있다. 하지만, 기저부의 용도가 공공성이 높고 측면이 넓게 개방된 형태에서는 옥외로 취급되는 경우도 많다. 그러나 이 판단도 건축사(보)에게 맡겨지게 된다.

3. 위가 뚫린 공간 주변의 피난경로

위가 뚫린 공간에 피난경로가 있는 경우는, 피난경로를 확보하기 위해 셔터(특정방화설비)로 구획하지 않으면 안 된다. 이 셔터가 폐쇄되지 않는 상황이 발생하면 피난안전의 확보는 기대할 수 없다. 셔터의 강하장해는 10%를 넘는다는 보고도 있다. 강하장해는 시스템적인 결함이 있거나 강하위치에 물건이 놓여있거나 하는 것이 원인이라고 한다.

피난경로의 안전성을 확보하기 위해서 셔터의 정기적인 보수관리를 철저히 하는 것은 당연하지만, 위가 뚫린 공간 주변의 셔터에 글라스 스크린을 병설하는 것이 요구된다. 또한 다층에 걸쳐 위가 뚫린 구조인 경우, 셔터의 강하시스템을 고려하지 않으면 안 된다. 셔터의 장수가 많으면 모든 셔터가 폐쇄되는데 10분이나 20분까지 걸리는 예도 있다. 최초의 화재구획의 셔터가 폐쇄되고, 그 후에 위가 뚫린 공간의 최상부에서 순차적으로 가능한 짧은 시간에 폐쇄되는 시스템을 만들 필요가 있다.

1.10.2 피난안전검증의 이용

1. 피난안전검증의 내용

위가 뚫린 공간의 다층에 걸쳐 뚫린 공간을 형성하기 위해서는 종혈구획의 규정을 적용제외하지 않으면 안 된다. 종혈구획의 적용제외는 전관피난안전검증이 되기 때문에, 검증의 범위는 위가 뚫린 공간 주변뿐만 아니라 전관에 미치게 되는 점에 주의하지 않으면 안 된다.

위가 뚫린 공간에 있어서는 종혈구획과 배연설비의 규정을 적용제외시키는 것이 가장 많다. 검증방법은 공간형태에 대응하고, 연기 확산상황, 연기의 온도, 농도 및 피난상황 등, 상세한 검증이 필요하기 때문에 장관인정(루트C)은 피할 수 없다.

2. 위가 뚫린 공간의 구성과 피난경로

위가 뚫린 공간 주변의 구성을 생각하는데 있어서는 ① 위가 뚫린 공간 내의 면적구획은 3,000㎡ 이하로 한다, ② 위가 뚫린 주변에 있는 방에서의 피난경로는 위가 뚫린 공간 내를 통과하지 않는다는 2가지 점을 원칙으로 한다.

위가 뚫린 공간 내에서 발생한 연기는 높은 천장까지 상승하는 과정에서 공기와 뒤섞여 팽창하기 때문에 연기의 하강시간은 급속하게 빨라진다. 따라서 위가 뚫린 공간 내의 파난자는 가능한 빠르게, 그리고 연기에 노출되는 일 없이 안전한 공간으로 피난하지 않으면 안 된다. 위가 뚫린 공간 주변의 방으로부터의 피난자는 위가 뚫린 공간 내에서 발화된 경우에는 화재 공간을 피난로로 사용할 수 없기 때문에 위가 뚫린 공간을 지나지 않는 피난경로를 확보하지 않으면 안 된다. 즉, 위가 뚫린 공간 주변의 방으로부터의 피난은 위가 뚫린 공간 내의 발화와 위가 뚫린 공간 주변 방의 발화와 같이 2종류의 발화장소를 고려한 피난경로가 필요하게 된다.

위가 뚫린 공간 주변의 피난경로를 방화성능이 없는 글라스만으로 구획하는 방법도 있다. 이것은 연기온도를 예측해서 글라스가 깨어지지 않는 것을 입증하면 가능하게 된다. 설계방법은 루트C가 된다.

연기가 상승하는 과정에서 공기와 섞여 팽창하는 것은 앞서 언급했는데, 이렇게 공기와 섞인 연기는 희석되어 온도, 농도 모두 낮아진다. 게다가 초기화재의 연기는 그 자체의 온도, 농도가 낮기 때문에 짧은 시간이면 연기에 노출되어도 피난에 지장이 없다는 평가가 가능하다. 이와 같이 연기의 발생량 이외에 온도와 농도의 검증은 복잡하고 상세한 예측계산이 되므로 성능설계에서 루트C가 된다. 연기의 발생량만으로 평가하는 방법이 루트B이다.

3. 위가 뚫린 공간의 연기제어

대공간의 연기제어는 일반적으로 축연(蓄煙)+자연배연방식이 많다. 대공간의 피난은 대기층을 이용한 축연방식으로 안전을 확보할 수 있다. 그러나 소방대 진입을 생각할 때, 자연배연을 설치해 연기층을 어느 높이로 안정시켜 활동에 지장을 초래하지 않도록 하지 않으면 안 된다.

대공간의 연기제어의 주의점은 ① 거주영역보다 상부에 충분한 축연공간을 확보한다, ② 연기층은 피난경로를 오염시킬 위험성이 있는 경우는 글라스 스크린을 병설한다, ③ 배연구와 급기구는 적정한 위치에 적정한 면적을 확보하는 것 등이다.

연기배출을 원활하게 하기 위해서는 급기경로의 존재가 중요하다. 그림 1.32와 같이, 배연구와 급기구의 면적이 거의 같을 때는 배출하는 압력과 급기하는 압력의 균형이 잡혀서 원활하게 배연이 이루어진다. 한편, 급기구가 없거나 작거나 하면 매우 배연효율이 나쁜 결과를 가져온다. 공간에서 바깥쪽으로의 압력과 안쪽으로의 압력이 같아지는 위치를 중성대(中性帶)라고 하고, 중성대는 반드시 배연구와 급기구의 사이에 존재하기 때문에 자연배연의 연기제어를 고려하면, 각각의 면적과 위치는 중요한 의미를 가지게 된다.

그림 1.32 대공간의 연기제어

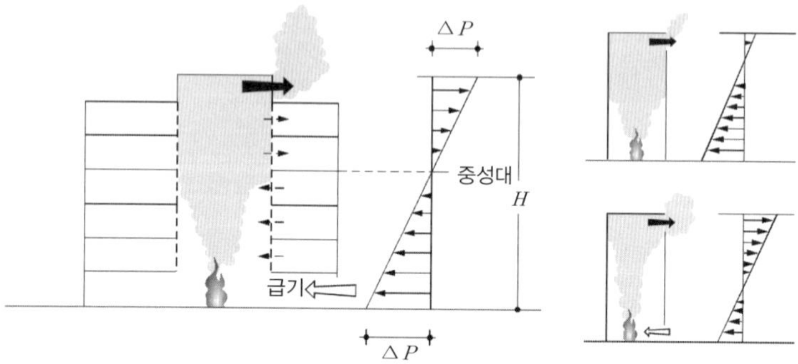

4. 성능설계의 예

■ 1 규슈국립박물관

(1) 건물개요

대공간의 예로서, 규슈국립박물관의 건물개요를 표 1.26에 나타낸다.

표 1.26 규슈국립박물관의 건물개요

건물명칭	규슈국립박물관
건물개요	장 소 : 후쿠오카 현 용 도 : 박물관 총바닥면적 : 약 29,000㎡ 층 수 : B2F ~ 5F 구 조 : S, SRC
설계루트	전관피난안전검증, 내화성능검증, 방화구획검증(루트C) 장관인정 : 2001년 9월
설계자	(주)菊竹清訓건축설계사무소 (주)구메(久米)설계

(2) **성능설계의 개요**

엔트런스 홀은 전관피난안전검증에 의해, 1층에서 4층까지의 4층이 위가 뚫린 공간을 형성하고, 종혈구획, 배연설비 및 내장에 관한 규정을 적용제외시키고 있다. 게다가 내화성능검증에 의해 주요구조부의 내화피복 경감, 방화구획검증에 따라 면적구획의 확대를 시행하고 있다. 그림 1.33에 단면구성을 나타낸다.

그림 1.33 규슈국립박물관의 단면도

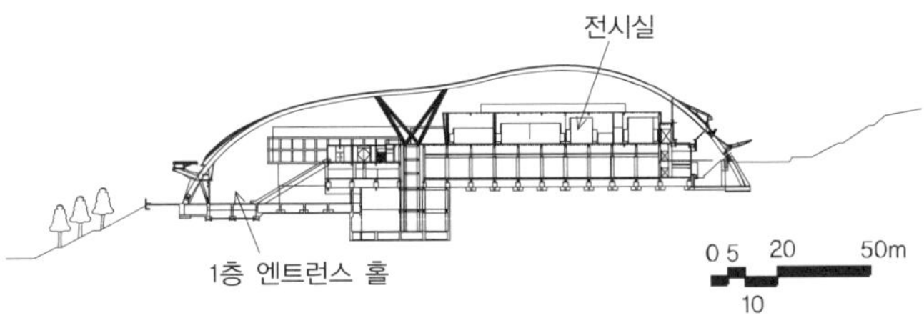

| **전관피난안전검증** | 엔트런스 홀의 위가 뚫린 공간 내는 1층과 3층 및 4층의 호와이에 · 로비를 일체로 한 방화구획으로 하고 있다. 위가 뚫린 공간 내 상부, 3층과 4층의 로비에서는 계단으로 통하는 안전구획(피난복도)을 요소에 설치해서 원활한 피난을 가능하게 하고 있다. 각 층의 전시실, 및 각 방에서도 안전구획(피난복도) 경유로 피난계단에 이르는 2방향의 경로를 확보하고 있다.

피난안전검증의 결과 주요한 피난경로에는 기계배연을 설치, 엔트런스 홀의 위가 뚫린 공간에는 자연배연을 설치, 그 이외에는 거의 배연설비의 설치는 없고 엔트런스 홀의 자연배연면적은 저감되어 있다.

| **내화성능검증** | 면진(免震)구조[36]를 채용하고 있는 것과 대형옥상 가구와 철골기둥의 무피복을 목적으로 내화성능검증을 시행하고 있다.

36) 면진(免震)구조 : 지반의 횡적운동량의 전달을 고무층과 금속층의 합성으로 지진에너지를 흡수하여 지진에 견디도록 만든 구조시스템.

| 방화구획검증 | 엔트런스 홀의 위가 뚫린 공간 내 각 층의 바닥면적의 합계는 4,000m²를 넘고 있다. 방화구획검증에 의해, 1층이 약 2,600m², 3층이 약 870m², 4층이 약 640m²가 된다. 검증에서는 1층에서 3층까지의 레벨차 약 12m를 이용하여 ① 1층에서 3층까지 화염이 도달하지 않는다, ② 1층에서 3층에 대해 복사열에 의한 연소가 없다, ③ 1층 발화 시의 연기 온도에 의한 3층으로의 연소가 없는 것 등을 검증하여 불길이 번지는 일이 없음을 확인하고 있다.

간주특정방화설비라는 것은, 본래 그 위치에 셔터 등의 특정화재설비를 설치하지 않으면 안 되지만, 셔터 등을 설치하지 않고 이격거리로 연소를 방지하는, 그렇게 간주하는 구획방법을 말한다.

②의 연기온도에 의한 연소를 방지하기 위해서는 연기온도 상승을 방지하지 않으면 안 된다. 그러기 위해서 큰 자연배연개구와 급기구를 설치하고 있다. 자연배연개구 면적은 당해 바닥면적의 약 1/60, 급기구는 1층의 출입구(자동문)로 확보하고 있다.

■ 2 마루노우치 기타구치 빌딩

(1) 건물개요

아트리움의 예로서, 마루노우치 기타구치 빌딩의 건물개요를 표 1.27에 나타낸다.

표 1.27 마루노우치 기타구치 빌딩의 건물개요

건물명칭	마루노우치 기타구치 빌딩
건물개요	• 장 소 : 도쿄도 • 용 도 : 사무소, 호텔, 점포 • 총바닥면적 : 약 130,000m² • 층 수 : B4F ~ 29F • 구 조 : S, SRC
설계루트	전관피난안전검증(루트C) 장관인정 : 2002년 9월
설계자	(주)미쯔비시지쇼 설계

(2) **성능설계의 개요**

전관피난안전검증에 의해 고층구획, 종혈구획, 이종용도구획, 물판점포의 계단폭원 및 배연설비 등의 규정을 적용제외하고 있다.

그림 1.34의 호텔 층 아트리움은 종혈구획, 배연설비의 규정을 적용제외한 부분이 된다. 검증내용은 아트리움 기저부의 화재와 객실화재를 상정해서 연기층 온도와 연기층 높이를 시뮬레이션하고 있다. 배연구와 급기구의 면적을 충분히 확보함으로써 연기온도의 상승을 막고 연기층 높이는 높은 위치에서 안정시키고 있다.

그림 1.34 마루노우치 기타구치 빌딩 · 호텔객실 기준층 평면도

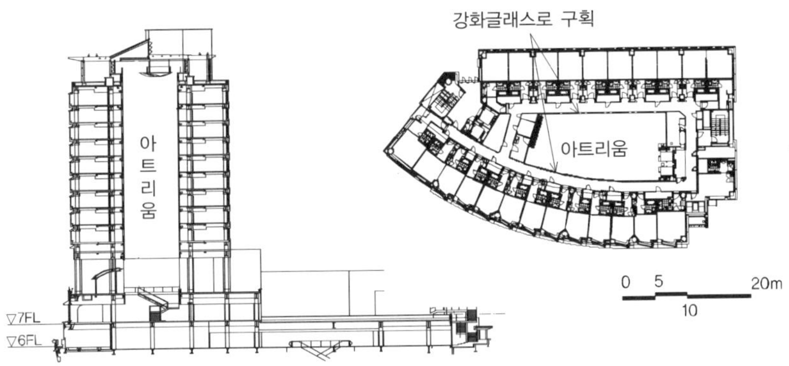

1.11 글라스 건축

1.11.1 방재계획의 수립방법

1. 방재계획의 포인트

건축디자인의 다양화, 글라스 성능의 향상 등에 의해 글라스 소재를 많이 사용한 건물이 늘고 있다. 최근 방화성능과 내화성능을 가지는 글라스 제품이 여러 종류가 개발되어 제품화 되어 있기 때문에 방내화성능이 필요한 건축구조체의 부위에도 많이 사용되어 있다. 방재계획의 포인트는 글라스를 유효하게 사용하기 위해서 글라스의 성능과 법적인 취급방법, 건축의 각 부위에 요구되는 방내화성능을 이해하는 것이다.

2. 글라스의 성능

일반적인 플로트판 글라스 성능은 건설성 고시 제1400호에 있어 불연재로 규정되어 개구부, 칸막이 벽 및 마감 등의 건축부재로서 사용하는 것이다. 방화성능 및 내화성능을 가지는 글라스는 법령(고시)에 규정되는 예시사양품과 개별 인정품의 2종류가 있고, 각각의 성능에 따라 방화설비나 특정방화설비 및 내화벽으로 사용할 수 있다. 글라스의 방내화성능을 표 1.28에 나타낸다.

표 1.28 글라스의 방내화성능

글라스의 종류	법적인 취급	성 능
플로트판 글라스	불연재	150℃에서 금이 감(*)
강화 글라스	불연재	200℃에서 금이 감(*)
선주입 글라스	불연재	200℃에서 금이 감(*)
망(網)주입 글라스	방화설비	건설성 고시 제1360호, 건설성 고시 제1399호의 예시품
방화(내열)글라스	방화설비, 특정방화설비	개별 인정품
내화 글라스	1시간 내화벽	개별 인정품
글라스 블록	30분 내화벽	건설성 고시 제1399호의 예시품

(*) 임해부(臨海部)에 있어서 대규모 건축군의 종합적인 방화안전에 관한 조사 · 검토보고서, (재)일본건축방재협회, 1993.

3. 건축부위마다의 글라스 사용

건축재료로 글라스를 사용하기 위해서는 건축 각 부위에 요구되는 법 규제에 따른 방내화성능을 이해하지 않으면 안 된다.

(1) 지붕

| 법령에 따른 규정 | 지붕의 방내화성능은 30분의 비손상성과 차염성이 요구되어 있기 때문에 예시사양에 제시되는 망(網)주입 글라스가 지붕재로 사용될 수 있다(영 제107조, 영 제107조, 영 제107조의 2, 건설성 고시 제1399호 제5 三).

| 성능설계 | 내화성능검증을 적용해서, 지붕 밑 공간의 화재가 지붕에 유해한 손상을 입히지 않는 것을 확인하면, 예시된 재료 이외의 지붕재의 사용이 가능하게 된다. 지붕 밑 공간의 화재성상을 예측해, 그 결과 지붕구조에 화염의 영향을 미치지 않는 공간은 아트리움이나 돔 등 천장높이가 높은 대공간에 한정된다. 막으로 된 지붕을 이용한 다목적 돔은 그 수법을 이용한 것이다.

(2) 외벽

| 법령에 의한 규정 | 외벽의 방내화성능은 내력벽은 1시간 또는 2시간의 비손상성과 차염성, 스팬드럴(spandrel)은 1시간의 차열성, 연소의 우려가 있는 부분의 개구부는 30분의 차염성〈망(網) 주입 글라스〉이 요구된다. 스팬드럴은 면적구획에 관련된 부분에 설치하지 않으면 안 된다. 개구부에 스팬드럴(그림 1.35)을 설치할 경우는 망 주입 글라스를 사용한다(영 제107조, 영 제107조의 2, 영 제112조 제10항 및 제11항).

(3) 칸막이 벽

방재계획에서는 안전구획이라고 하는 정의가 있다. 안전구획이란, 불연재 이상의 방화성능이 있는 칸막이 벽으로 둘러싼 피난복도이다. 이 안전구획 주위를 글라스벽으로 구성하는 경우, 플로트 글라스는 불연재이긴 하지만 열에 약하게 때문에 안전구획을 형성하는 재료로서는 적당하지 않다. 따라서 망 주입 글라스, 방화글라스 등의 방화설비를 설치하는 것이 바람직하다.

(4) 바닥

| 법령에 따른 규정 | 바닥의 방내화성능은 1시간 또는 2시간의 비손상성과 차열성이 요구된다. 사양규정에서의 글라스 사용은 불가가 된다.

| 성능설계 | 내화성능검증을 적용함으로써 글라스 블록(30분 내화)이 사용될 수 있는 가능성은 있다. 글라스 블록을 바닥으로 사용하기 위해서는, 상하층의 당해공간의 화재의 계속시간이 30분 이내가 되는 것이 요건이기 때문에 가연물이 없는 개방된 공간에 한정된다.

그림 1.35 스팬드럴

[영 제112조 제10항]
방화구획에 접하는 외벽에 대해서는 90㎝ 이상의 부분을 준 내화구조로 하지 않으면 안 된다. 그러나 외벽면에서 50㎝ 이상 돌출된 준 내화구조의 처마, 바닥, 소매벽[37] 그 밖에 이들과 유사한 것 중에 방화상 유효하게 차단되어 있는 경우에는 반드시 이대로 해야 하는 것은 아니다.

[영 제112조 제11항]
준내화구조로 하지 않으면 안 되는 부분에 개구부가 있는 경우에 있어서는 그 개구부에 방화설비를 설치하지 않으면 안 된다.

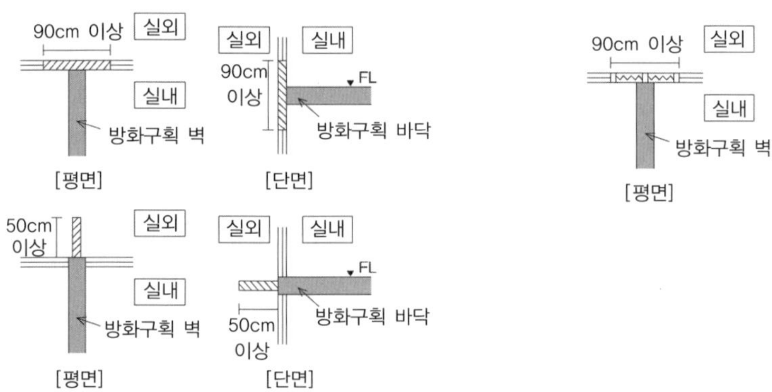

(5) 계단실

| 법령에 따른 규정 | 계단실의 구획은 ① 출입구 이외는 내화구조의 벽으로 둘러싼다, ② 옥외에 접하는 창문 주변과 방화구획 벽이 접한 부분에 대해서는 스팬드럴을 설치한다, ③ 옥내에 접하는 창문은 각각

37) 구조적, 방화적 이유에서 건물 외부로 돌출 되어 있는 벽

1㎡ 이내의 열리지 않는 구조의 방화설비·특정방화설비로 한다는 3가지 규정이 있다(법령123조). ①에서는 내화글라스의 사용, ③에서는 망(網) 주입 글라스와 방화글라스의 사용이 가능하다.

| 성능설계 | 전관피난안전검증으로, 계단실의 구조와 출입구의 성능을 적용제외할 수 있지만, 계단실은 건물의 각 층을 관통하는 종혈에 있기 때문에 계단실 주위에서 면적구획을 확보하기 위한 구획이 필요하게 된다. 또한 피난자를 연기에서 보호하는 성능을 확보하지 않으면 안 된다. 계단실의 구조 등에 글라스를 사용했다고 하더라도 계단실 주변의 안전구획 주변에서 계단실과 동등한 구획형성이 필수이다.

(6) 엘리베이터 샤프트

| 법령에 따른 규제 | 엘리베이터 샤프트의 둘레는 방화상 종혈구획에 의한 둘레와 일상안전의 승강로의 둘레와 같이 두 가지의 규정이 있다(영 제112조 제9항, 제129조의 7조 2호)

종혈구획의 둘레는 [승강로는 준내화구조의 벽 또는 방화설비·특정방화설비로 둘러싼다]라고 되어 있으므로, 망 주입 글라스, 방화글라스, 내화글라스 등을 사용하지 않으면 안 된다.

이들 글라스의 선정에는 종혈구획, 면적구획 등의 위치의 설정이 관계된다. 승강로의 둘레는, '승강로는 난연재로 둘러싼다'라고 되어 있는데 일상의 안전대책면에서 강화글라스나 비산(飛散) 방지대책을 한 글라스의 사용이 일반적이다.

| 성능설계 | 전관피난안전검증으로 종혈구획의 규정을 적용제외하는 것으로 방내화성능이 없는 글라스의 사용이 가능하게 된다. 아트리움 주변의 글라스로 둘러싼 엘리베이터 샤프트는 이 수법을 이용하고 있다. 이 경우, 강화글라스 또는 비산방지대책을 한 글라스의 사용은 피할 수 없다.

(7) 방연 수직벽

| 법령에 따른 법규 | 방연 수직벽은 「불연재로 만들고, 또 덮여져 있는 것」이라고 되어 있다(영 제126조의 2 제1항). 플로트 글라스는 불연재이므로 법적으로는 사용 가능하지만, 비산방지 및 방화의 관점에서 선(線)주입 글라스 또는 망 주입 글라스가 일반적이다. 「도쿄도 건축설비 행정에 관한 설계 · 시공상의 지침 2003년판」(도쿄건축설비행정연락협의회 편, (재)일본건설설비 · 승강기센터(2003))에도 선 주입 글라스, 망 주입 글라스의 사용이 명문화되어 있다.

| 성능설계 | 피난안전검증으로 방연구획의 확대가 가능하므로 방연수직벽의 사용이 없어진다.

(8) 처마

화재발생의 우려가 적은 부분에 설치되는 불연재로 만들어진 대규모의 처마 중, 외기(外氣)에 충분히 개방되고 구조상 중요하지 않은 경우는 지붕으로 취급되지 않으므로 망 주입 글라스 이외의 사용이 가능하게 된다. 하지만, 비산방지대책 등 안전대책에는 충분한 주의를 요한다.

- 비손상성 : 화재 시에 구조내력상 지장이 되는 형상, 용해, 파괴 등의 손상 및 내력저하가 생기지 않는 것.
- 차단성 : 구획구성 부재 중에 화재에 의한 가열을 입었을 때에 반대 측의 가연물이 착화되지 않는 것.
- 차연성 : 구획부재나 개구부가 화재를 입었을 때, 반대 측에 화재가 관통되지 않는 것.

1.12 목조건축

1.12.1 방재계획의 수립

1. 방재계획의 포인트

자연소재의 목재는 인간의 쾌적성을 증진시키는 효과가 크다고 하여, 성능적으로도 단열성, 흡음성, 차음성 및 탄력성 등의 물리적 효과, 시각과 정서 등의 심리적 특성에 뛰어나다고 하고 있다. 이들의 효과적 이용뿐만 아니라 지역재 이용촉진 등의 이유에서도 건축부재로의 이용이 늘고 있다.

대규모 건축물에 있어 목재를 사용하는 경우는 법령의 규정에 있어 내화건축물의 제한, 내장제한 등 큰 제약이 있다. 내화건축물의 제한은 건물의 규모, 입지조건, 건물용도 등에 따른다. 내장제한에 대해서는 제1편 2.3.1항을 참조하기 바란다.

2. 내화설계 순서

내화설계의 순서는 그림 1.36에 의한다.

그림 1.36 목조내화설계의 순서

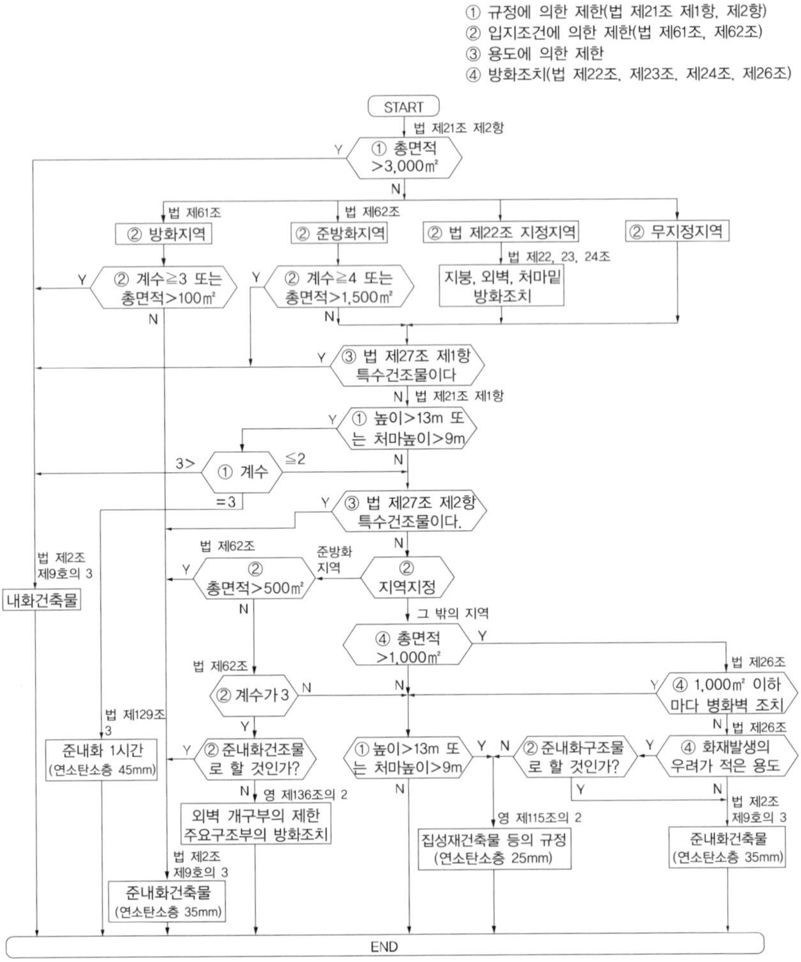

1.12.2 내화성능검증

1. 내화설계의 구상법

방화기준의 성능규정화에 의해 내화구조로 인정된 재료를 조합시키는 사양규정(루트A)만이 아니라, 건물마다 내화성능을 확인하는 방법(루트B, C)이 도입되었기 때문에 내화건축물의 주요구조부에 목재를 사용하는 것이 가능하게 되었다. 하지만, 가장 내화성능이 요구되는 내화건축물에 가장 화재에 약한 목재를 사용하기 위해서는, 화재라고 하는 외력에 대해 건물이 무너지지 않는 내력을 보유한다는 것을 입증하지 않으면 안 되기 때문에 그 장애물은 매우 높게 되어 있다.

내화건축물에 요구되는 성능은 법 제2조 제9호의 2에 [당해 건축물의 구조, 건축설비 및 용도에 따라서 옥내에서 발생이 예측되는 화재에 의한 화령에 당해 화재가 종료할 때까지 견딜 것]이라고 정의되어 있다.

2. 내화설계의 방법

목조내화의 성능평가방법으로는 재료레벨의 평가, 부재레벨의 평가, 가구(架構)레벨의 평가와 같이 세 가지 방법이 있다. 설계의 개념을 그림 1.37에 나타낸다.

그림 1.37 목조내화의 성능설계 개념

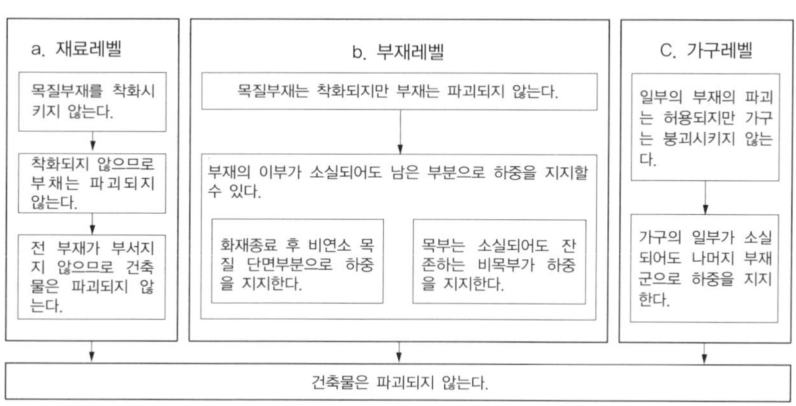

a. **재료레벨의 평가**

목재는 약 240~270℃에서 연소가 개시되어, 연소가 계속되면 단면결손이 확대되어 부재가 파괴된다. 목재의 연소가 구조적 성능의 저하의 원인이 되기 때문에 재료레벨의 평가에서는 착화시키지 않게 된다.

착화시키지 않는 방법으로는

① 목재에 내화피복을 입힌다,

② 화재의 방사열을 차단하기 위해 차열판·방수(放水)냉각 설치,

③ 목재에 불연재를 함침(含浸)[38]시킨 불연목의 사용 등의 방법이 있다.

①은 사양규정(루트A)의 범위이다. ②는 플래시오버가 되지 않는 공간, 즉 국소화재에 한정되는 수법이다. ③은 불연재의 인정을 받은 재료에 한해 사양규 (루트A)에서 사용할 수 있다.

b. **부재레벨의 평가**

부재레벨의 평가에서는 목재의 착화연소를 허용한다. 설계방법은 연소탄화층 설계[39]와 연소멈춤 설계 및 부재 하이브리드가 있다.

연소탄화층 설계는 준내화구조 건축물에 있어 채용되는 사양규정(루트A)의 설계범위이다(본장의 그림 1.36 참조).

연소멈춤 설계는 요구되는 내화시간에 있어서 미연소부분의 부재가 장기간 하중을 부담할 수 있는 성능을 확보하는 방법이다. 내화건축물에서는 화재종료 후에도 소정의 성능을 유지하지 않으면 안 되므로 연소가 멈추는 것을 실증에 있어 확인되지 않으면 안 된다. 내화건축물에 연소멈춤 설계를 적용한 사례는 성능설계 예〈JR 코오치(高知) 역사(譯舍)〉를 참조하기 바란다. 그림 1.38은 적극적으로 연소멈춤 층을 형성한 예이다.

---

38) 함침(含浸) : 가스상태나 액체로 된 물질을 물체 안에 침투시켜 그 물체의 특성을 사용목적에 따라 개선함. 또는 그런 일. 방부, 방습, 염색, 가연성의 감소 따위를 위하여 행한다.

39) 연소탄화층 설계 : 燃えしろ(모에시로)설계, 목재 또는 집성재를 일정한 두께로 설계하여 연소가 되더라도 탄화층이 생겨 산소를 차단함으로써 일정시간 탄화를 지연시키는 설계

그림 1.38 적극적인 연소멈춤 층의 형성 예

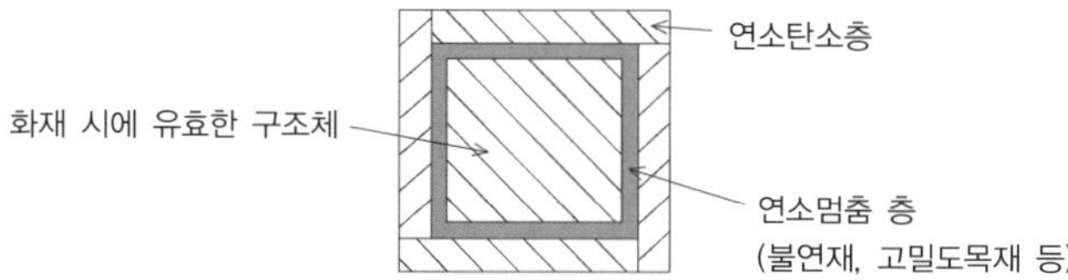

그림 1.39 부재 하이브리드의 예

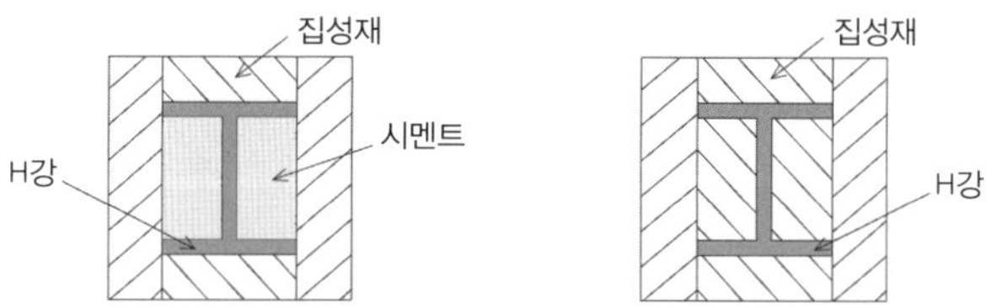

부재 하이브리드는 그림 1.39에 나타내듯이 화재에 약한 목재와 화재에 강한 재료(콘크리트, 철골 등)를 조합하는 합성구조이다. 화재 시에 화재에 강한 재료가 연직하중(鉛直荷重)을 부담하는 역할을 맡는 방법이다.

c. **레벨의 평가**

가구(架構 : 구조물)레벨의 평가는 화재에 의한 가구가 붕괴되지 않는 것이다. 구조부재에 목재와 콘크리트, 철골을 혼합한 가구를 설정하는 가구 하이브리드라고 불리는 것이다.

3. 성능설계의 예

(1) 건물개요

목재건축의 예로서, JR 코오치(高知) 역사(驛舍)의 건물개요를 표 1.29에 나타낸다.

표 1.29 JR 코오치 역사의 건물개요

건물명칭	JR 코오치 역사	설계루트	내화성능검증(루트C) 장관인정 : 2005년 3월
건물개요	• 장 소 : 코오치시 • 용 도 : 역사 • 총바닥면적 : 약 3,300㎡ • 층 수 : 2F • 구 조 : S, SRC, 목조	설계자	(주)나이토오 히로시(内藤廣)건축설계 사무소

(2) 성능설계의 개요

본 건은 역 시설이지만, 대형지붕을 받치는 기둥이 도로에서부터 세워져 있고, 지붕 밑에는 점포 등의 시설이 들어가기 때문에 건축물이라고 취급되어 용도와 규모면에서 내화건축물로 되어 있다.

구조는 무피복 강재(鋼材)와 목재에 의해 역사 대형지붕 가구를 형성하고 있다. 선로부의 하부구조는 SRC구조이다.

목재 사용에 있어서는 연소멈춤을 실증한 설계를 하고 있다.

연소실험에서는 삼나무 집성재[40]의 실제크기의 큰 보 단면의 실험체를 이용하여 가열종료 후에 목구조재의 잔염도 자연히 진화되고, 잔존단면으로 장기간 하중에 견디는 것을 확인하고 있다.

검증에서는 그림 1.40의 단면도에 나타내는

① 철도차량화재

② 키오스크(KIOSK)[41]화재

③ 부지 주변도로의 자동차화재

④ 역 콩코스의 화재

⑤ 역 구내 점포화재를 상정하고 있다.

그림 1.41은 대형 지붕가구의 내화설계 플로우이다.

---

40) 집성재(集成材) : 판재(板材) 및 소각재(小角材) 등을 섬유방향으로 서로 평행하게 접착시켜 만든 접착 가공목재

41) 키오스크(KIOSK) : 철도 매점

그림 1.40 JR 코오치 역사 단면도

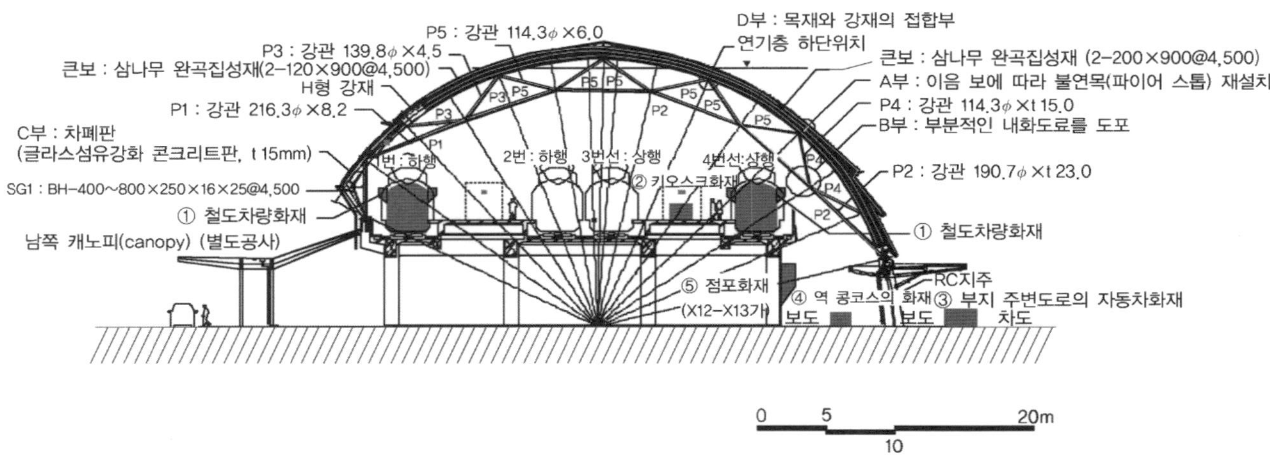

그림 1.41 대형지붕 가구의 내화설계 플로우

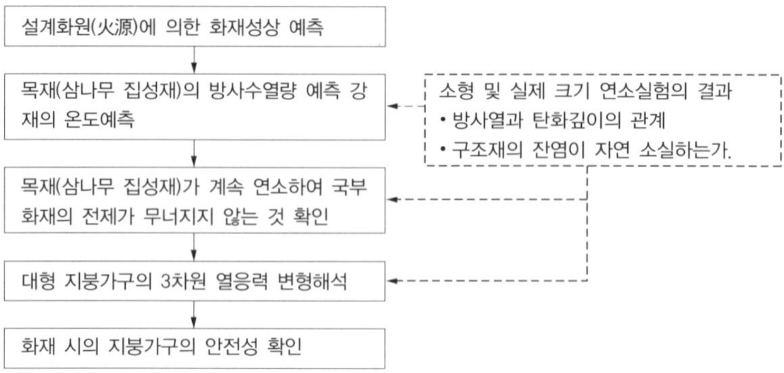

1.13 컨버전, 리뉴얼 및 기존 부적격 건축물의 개수(改修)

1.13.1 방재계획의 수립

1. 방재계획의 포인트

산업활동의 활성화, 주거환경재생이라는 관점에서 기존건축물의 용도변경이 늘고 있다. 이 행위는 컨버전(conversion : 전환, 변환)이라고 해서, 다방면에서 검증이 이루어지고 있다. 컨버전의 사례로는 사무소에서 호텔·공동주택으로의 변경, 창고에서 상업시설로의 변경 등이 많이 보인다. 컨버전에서 문제가 되는 것이 피난계단, 배연설비 등의 피난관련법규의 적합성이다.

또한, 몇 번씩 법령개정을 거친 기존 부적격 건축물에서는 대폭적인 리뉴얼의 시기를 맞이하고 있다. 기존 부적격의 내용은 배연설비의 미설치, 물판점포의 계단폭원 부족 등이 많고, 그 대응으로 고심하고 있다. 배연설비가 설치되어 있는 건물에서도 해가 지남에 따라 열화되어 방연 수직벽이나 배연구 및 배연기의 교체시기가 되었다는 것도 있다. 게다가 2004년 6월 건축기준법 개정으로 「기존 부적격 건축물에 대한 권고·시정명령제도」

가 시행되었다.

방재계획의 포인트는 기획단계에서부터 피난안전검증을 시야에 넣는 것이다. 피난안전검증에 의해 법령에 적합하지 않은 부분을 적용제외하는 것으로, 효과적인 컨버전이나 리뉴얼이 실현될 가능성이 있다.

2. 건물용도마다의 법규정

건물용도마다 방화·피난관련법령의 규정이 다르기 때문에, 이종용도간의 용도변경에는 주의가 필요하다.

(1) 배연설비

배연설비의 설치에 관한 규정은 영 제126조의 2에 의한다.

배연설비의 설치를 면제된 시설로서는, 공동주택의 주택(200㎡ 이내), 학교, 체육관, 볼링장, 스키장, 스케이트장, 수영장, 스포츠연습장, 기계제작공장 등을 들 수 있다.

(2) 피난계단

계단의 설치에 대해서는 보행거리에 의한 설치와 물판점포 및 집회시설의 계단폭원·출입구폭 등이 용도변경 시에 주의를 요하는 규정이다.

직통계단의 설치는 영 제120조 및 영 121조에, 물판점포의 계단에 대해서는 영 제124조, 영 제125조에 의한다.

옥내계단 폭원 1.2m, 물판계단 폭원 1.4.m의 규정은 피난안전검증의 적용제외 항목에는 들어 있지 않기 때문에 그 수치 이하로 할 수는 없다.

(3) 방화구획

방화구획에 관한 규정은 영 제112조에 따른다.

방화구획이 면제되는 시설로서 극장, 영화관, 연예장, 관람장, 공회당·집회장의 객석, 체육관, 공장 등을 들 수 있다. 그 밖에도 용도상. 공간형상상 어쩔 수 없이 방화구획이 면제되는 경우도 있다.

1.13.2 피난안전검증의 이용

1. 컨버전에 있어서의 피난안전검증의 이용

앞에서 언급한 바와 같이 피난안전관련법규가 다른 용도간의 컨버전에 있어 계획에 부담이 되는 것이 배연설비와 피난계단이다. 하지만, 이들의 규정을 적용제외시키는 것으로 계획의 유연성이 높아져 보다 효과가 큰 컨버전이 실현된다.

2. 기존 부적격 건축물의 리뉴얼에 있어서의 피난안전검증의 이용

몇 번씩 법령개정을 거친 기존건물에서, 기존 부적격으로 사용되고 있는 건물이 많이 존재한다. 이들 건물은 증축 시와 용도변경 시의 소급에 고심하고 있다. 또한 해가 지남에 따라 열화되어 배연설비의 갱신을 하지 않으면 안 되는 상황도 있다. 리뉴얼공사에 맞추어서 피난안전검증을 적용하는 것으로, 기존 부적격의 해소, 효과적인 리뉴얼 등이 가능하게 되어 건물의 자산가치도 높아지게 된다.

3. 리뉴얼에 있어서의 성능설계의 예

(1) 건물개요

리뉴얼의 예로서, 다마가와(玉川) 다카시마야(高島屋) 남관(증축)의 건물개요를 표 1.30에 나타낸다.

표 1.30 다마가와 다카시마야 남관 건물개요

건물명칭	다마가와 다카시마야 남관(증축)
건물개요	• 장 소 : 도쿄도 • 용 도 : 점포 • 총바닥면적 : 약 52,000㎡ • 층 수 : B2F ~ 11F • 구 조 : S, SRC
설계루트	전관피난안전검증(루트C) 장관인정 : 2001년 7월
설계자	(주)플랜텍종합건축사무소

(2) 성능설계의 개요

기존 부적격 건축물 점포(약 23,000㎡)의 리뉴얼과 증축공사이다.

그림 1.42는 개수 전후의 평면과 증축을 포함한 전체의 평면이다. 기존부분과 증축부분에 전관피난검증을 적용해서 보행거리, 계단폭원과 출구폭, 옥외의 출구폭, 배연설비 등의 규정을 적용제외하고 있다.

그림 1.42 다마가와 다카시마야 개수 · 증축

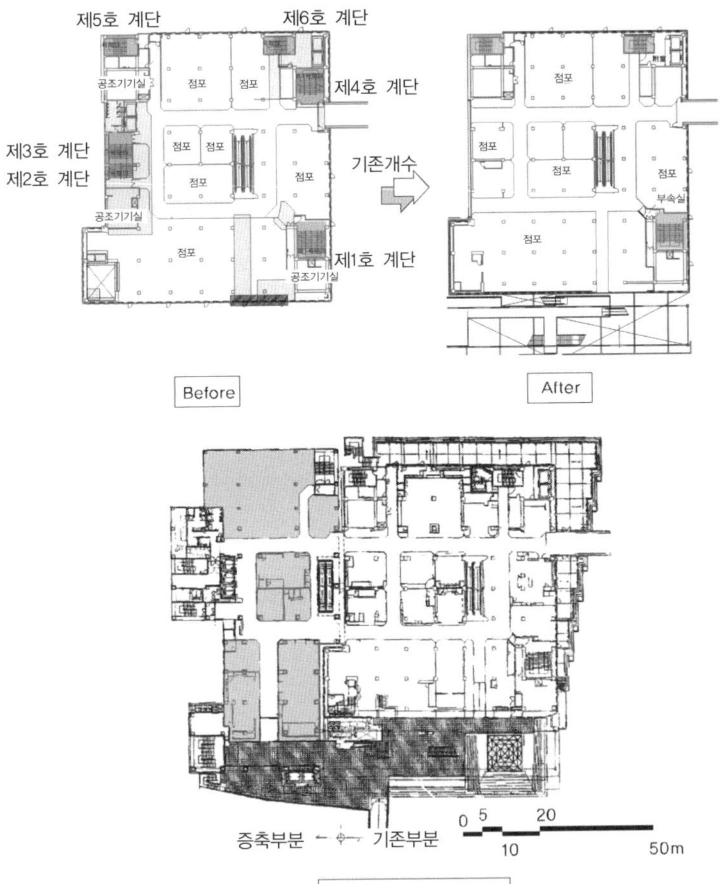

개수 · 증축(전체도)

건물 전면의 각 층에 큰 옥외 데크를 설치하여 각 층의 매장에서의 피난에 이용하게 하여 계단폭원은 사양규정의 약 40%의 설치에 그쳤다. 기존건물의 매장 중앙부의 계단을 철거함으로써 매장 유효면적의 확대, 매장 내 회유동선의 확보가 실현되었다.

배연설비는 기계배연방식, 능력은 1m²당 0.4m³/min으로 하고, 방연구획은 방화구획면적과 일치시켜 방연 수직벽을 설치하지 않았다.

피난계단에는 모두 방화구획화한 안전구획(전실, 복도)을 병설하고, 안전구획에는 가압방연 시스템을 설치하여 안전성을 높이고 있다.

소방법의 배연설비는 법 제32조에 의해 관할소방서장의 특인을 받았다.

제2장

특수한 방배연 시스템의 수립방법

2.1 대공간의 축연(蓄煙)

1. 축연 시스템

공간의 용적이 크고 천장높이가 높을 때에는 연기를 배출하는 등의 연기 강하 방지대책을 세우지 않아도 공간 상부에 연기를 모으는 것으로 피난에 지장이 없다고 하는 계획이 가능하다. 사람의 거주지역 상부를 축연공간으로 하는 구상이다. 하지만, 피난종료 이후에도 화재가 계속되면 연기는 점점 강하되고, 최종적으로는 바닥면까지 연기에 덮여버리는 결과를 가져온다. 이러한 상황에서는 피난안전은 확보되었다 하더라도 소방활동에 지장을 초래한다.

대공간에서는 연기 시뮬레이션을 실시하여 소방활동에 지장이 없는 높이에서 연기층이 안정될 수 있도록 자연배연구를 설치할 필요성이 있다. 자연배연구 면적은 당해 바닥면적의 1/50 이상으로 하는 것이 규정되어 있지만, 시뮬레이션의 결과는 법령에 규정되어 있는 면적보다 훨씬 작아진다. 이 방식은 피난안전검증에 따라 배연설비의 구조를 적용제외한 상태에서 배연설비의 구조에 대해서 검토하게 된다. 성능설계 방법은 루트C가 된다.

2. 설계방법

(1) 대공간에서 피난한다

대공간은 공간이 커서 위험하게 될 때까지의 시간이 비교적 길게 확보되는 것이 일반적이다. 하지만, 관람장과 같이 다수를 수용하는 시설에서는 피난시간이 길어져 패닉현상이 일어날 위험성도 적지 않다. 상부층의 체재자가 빠른 시간 내에 위험에 노출되게 된다. 상부층 체재자를 위해서 축연스페이스의 확보와 원활한 피난이 이루어지는 피난로의 설정에도 배려가 필요하다. 중요한 것은 대공간에서 피난이 원활하게 이루어질 수 있도록 명확한 피난경로를 확보하는 것이다.

(2) 화재의 연기를 제어한다

화재의 연기는 대공간의 상부부터 쌓이기 시작하는데, 연기를 유효하게 배출할 수 있으면 피난이 위험하게 될 때까지의 시간을 벌 수 있는 것 외에, 소방활동상의 지원설비로서도 이용할 수 있다. 대공간은 천장높이가 있기 때문에 대공간 상부에 연기를 배출하는 배연구, 하부에 배연의 효율을 높이기 위한 급기구를 설치하고, 연기의 부력을 이용한 자연배연방식이 유효하다. 일정 풍량을 배연하는 기계배연설비의 경우는 연기가 희석되어 확산되어 버리는 대공간에서는 효율이 좋지 않다.

3. 실제의 계획

(1) 건물개요

히라카 돔의 건설개요를 표 2.1에 나타낸다.

표 2.1 히라카 돔의 건물개요

건물명칭	히라카 돔
건물개요	• 장 소 : 아오모리(青森)현 히라카(平賀)정 • 용 도 : 운동, 전시, 집회 등 다목적 용도 • 총바닥면적 : 약 7,600㎡ • 층 수 : 1F • 구 조 : RC, S
설계루트	층 피난안전검증, 내화성능검증, 방화구획검증(루트C) 장관인정 : 2002년 2월
설계자	(주)사토오(佐藤)종합계획

(2) **계획의 개요**

그림 2.1에 나타낸 히라카 돔은 스포츠, 전시, 집회 등의 다목적 돔이다. 돔의 면적은 약 6,000㎡, 최상부 높이는 약 25m, 최대수용인수는 3,000명 정도로 되어 있다.

성능설계는 층 피난안전검증에 의해 배연설비의 설치는 없고, 내화성능검증에 의해 막(膜)으로 된 지붕구조의 채용과 지붕철골트러스의 무피복을 시행했다.

피난안전검증으로는 축연에 의한 연기 강하시간을 계산해서 재관자 전원이 피난종료할 때까지 연기가 거주역으로 강하하지 않는 것을 확인했다.

내화성능검증에서는 전시회에서와 같은 가연물이 연소한 경우에도 지붕과 트러스 보에 유해한 영향을 주지 않는 것을 확인하였다.

그림 2.1 하라카 돔

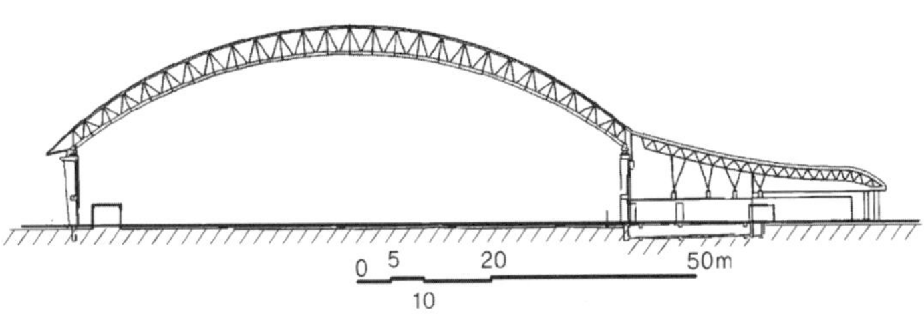

(3) **돔의 연기 강하 예측**

돔 내의 연기성상 예측은 건축물의 종합방화설계법에 의한 비정상 2층존 모델을 사용하고 있다. 화원(火源)은 전시회 시의 가연물이 불타 퍼지는 상황을 상정하고 있다.

검증결과는 그림 2.2와 같이 배연설비를 설치하지 않아도 화재발생부터 900초(15분) 후에 연기 강하는 바닥면에서 5m 정도이다.

그림 2.2 연기 강하의 예측

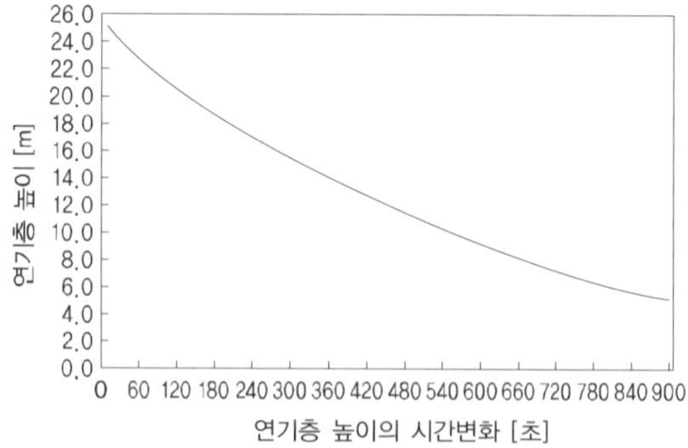

2.2 제2종 배연

1. 제2종 배연시스템

제2종 배연은 1998년의 법령개정으로 새로이 사양규정으로 첨가된 배연방식이다. 그 구체적인 구조방식 등은 건설성 고시 제1437호에 나타나 있다.

이 배연방식은 연기발생 실에 송풍기로 강제적으로 급기를 해서 그 급기에 의해 실내의 압력을 높이는 것으로, 연기를 직접 외부에 밀어내는 방식이다. 급기방식의 차이로부터 a. 각 실에 있어서 급기 및 배연을 한다, b. 복수 실을 통합해서 급기를 하고, 각 실마다 배연을 한다는 2가지 방식이 있다(그림 2.3). a.는 제2종 배연 1호, b.는 제2종 배연 2호라고 부른다.

그림 2.3 제2종 배연

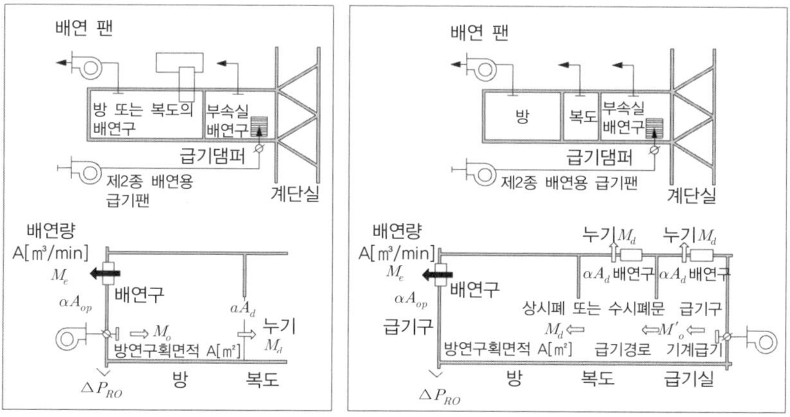

a. 각 방마다 급기와 배연을 한다.
제2종 배연방식(1호)

b. 복수의 방을 통합해서 급기를 한다.
제2종 배연방식(2호)

M_o : 급기량[㎥/min]
M_d : 누기량[㎥/min]
M_e : 배연구 배연량[㎥/min]
A : 규준 배연량[㎥/min]
(바닥면적 A[㎡]×1[㎥/min/㎡])
αA_{op} : 유효배연구 면적[㎡]
αA_d : 유효틈새 면적[㎡]
ρ : 공기밀도[kg/㎥]

2. 설계방법

(1) 제2종 배연의 구상

제2종 배연의 규정에는 압출(押出)용 배연구 면적, 압출배연량 등이 규정되어 있다. 압출배연량은 배연구에서 직접 배출되는 양을 규정한 것으로, 배연하는 양과 급기하는 양은 일치하지 않는다. 제2종 배연을 설치하는 방은 강제급기로 압력이 상승되어 있고, 또 출입구 문과 건물 자체의 틈새로부터 누출되기 때문에 소정의 배출량을 확보하기 위해서는 배연량보다도 많은 급기량이 필요하다.

(2) 급기실을 정한다

제2종 배연은 급기실을 정하는데서 시작한다. 여기서 주의해야 할 것은, 급기를 하면 급기실의 압력이 상승하기 때문에 급기실이 화재실인 경우는 연기를 배출하는 것뿐만 아니라, 문 등으로부터 비화재 공간에 연기를 확산시키는 위험이 발생한다. 따라서 화재실을 급기실로 하는 것은 바람직하지 않다.

재관자의 피난안전을 생각하면, 부속실과 복도 등의 안전구획을 연기가 침입하지 않는 장소에 설치하는 등의 배려가 필요하다. 제2종 배연은 급기실에 침입한 연기를 밀어내는 방법인데, 급기의 양을 늘림으로써 가압방연 시스템의 성능을 가지는 것도 가능하게 된다. 또한 제2종 배연 2호의 경우, 그림 2.4에 나타내듯이, 급기실은 직통계단을 통한 공간에 설정하지 않으면 안 된다.

그림 2.4 급기실의 설치법

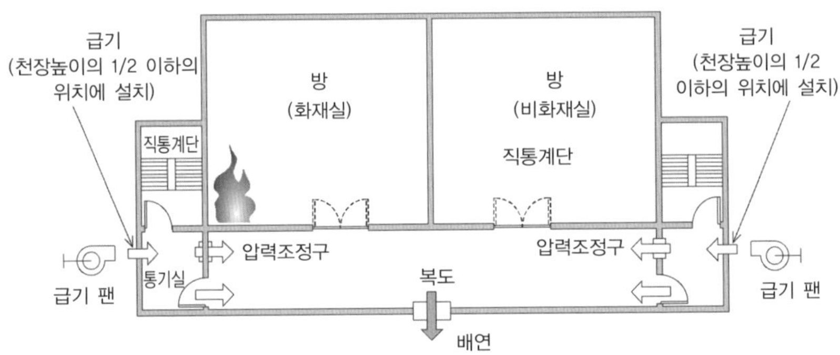

(3) 배연구 면적을 정한다

압출(押出)용 배연구는 연기를 배출하는 목적뿐만 아니라 문의 개폐장해 방지를 위해 압력빼기 역할로서도 기능한다. 건설성 고시 제1437호에서는 그 면적을 [배연실의 바닥면적 A에 대해 A/550 이상이며 A/60 이하] 라고 규정되어 있다. 하한가인 A/550은 최저기준인 1m²당 1m³/min의 배연풍량을 확보한 경우, 문의 개폐장해가 생기는 압력차(50 Pa)가 되는 배연구 면적이다. 배연구 면적을 A/550 부근으로 설정하면, 배연구 면적은 작게 줄어들지만, 물건이 끼이거나 해서 문이 완전히 폐쇄되지 않은 경우에는 규정의 배연량이 확보되지 않을 위험성이 있다. 반대로, 배연구 이외의 문 등으로부터의 누기량(누출공기량)에 여유를 너무 많이 잡으면 급기실에 과도한 압력이 생겨 피난 시에 문이 개방되지 않을 위험성이 있다. 문의 개폐는 화재 시에는 쉽게 개폐될 수 있도록 하는 것이 필수이기 때문에 문의 개폐에 추종시키기 위해서는 배연구는 가능한 크게 잡을 필요가 있다.

또한 건축계획상의 문제에서 압출용 배연구를 덕트에 설계하지 않으면 안 되는 경우, 배연창에 대비되어 덕트 길이와 굽음 등으로 저항이 생겨 유효 개구면적이 실제의 덕트 단면적보다도 작게 되므로 주의가 필요하다.

(4) 압출배연량을 정한다

압출배연량은 제2종 배연실의 바닥면적 1㎡당 1㎥/min 이상, 그리고 (압출용 배연구의 유효면적×550)[㎥/min] 이하로 되어 있다. 압출용 배연량을 최저기준으로 설계하면, 배연구 면적과 마찬가지로 배연량이 확보되지 않을 위험성이 있다.

압출배연량을 정함에 있어서는 배연구 면적을 크게 확보하여 상한가에 가까운 풍량을 확보하는 것이 피난행동에 배려한 설계이다.

(5) 압출용 배연구 이외로부터의 누기량(漏氣量)을 구한다

급기실에는 배연구 이외에 계단문이나 부속실문 등의 개구부가 있다. 제2종 배연실의 압력을 높여 압출용 배연구로부터 규정의 배연량을 밀어내기 위해 배연구 이외로부터도 누기(공기누출)를 한다. 급기풍량은 이 누기분도 포함된 풍량을 확보하지 않으면 안 된다.

압출배연량은 문의 개방력의 문제에서 상한가가 정해져 있기 때문에 간단한 풍량산출법으로는, 상한치를 압출배연량으로 설정해서 문이 폐쇄되어 있는 상태에서 설정하는 것도 하나의 방법이다.

$$Q_{\max} = 550(\alpha A_e + \alpha A_{\mathrm{dmin}})$$

여기에,

$Q_{\max}$: 문의 개방조건의 한계에서 구한 급기풍량[㎥/min]

αA_e : 유효배연구 면적 [㎡]

αA_{dmin} : 배연구 이외의 문이 모두 폐쇄되어 있는 상태 등, 최소의 틈새면적[㎡]

2.3 가압방연

1. 가압방연 시스템

급기송풍기에 의해 가압하는 방식은 앞에서 언급한 제2종 배연과 같지만, 그 목적은 전혀 다르다. 그것은 제2종 배연은 급기실에 침입해 온 연기를 급기압력으로 인해 강제적으로 밀어내는 방식이지만, 가압방연이란 송풍기로 급기실의 압력을 강제적으로 높임으로써 연기의 침입을 방지하는 방식이다. 급기실은 일반적으로 특별피난계단 부속실과 복도가 많은데, 계단실 가압 및 엘리베이터 샤프트 가압의 예도 있다.(그림 2.5)

가압방연 시스템은 계단실과 엘리베이터 샤프트 등의 종혈구획에 연기가 침입하지 않도록 하는 대책으로서는 이상적인 시스템으로, 초고층 사무실빌딩 등에 많이 채용되어 있다.

그림 2.5 가압방연 시스템의 개념도

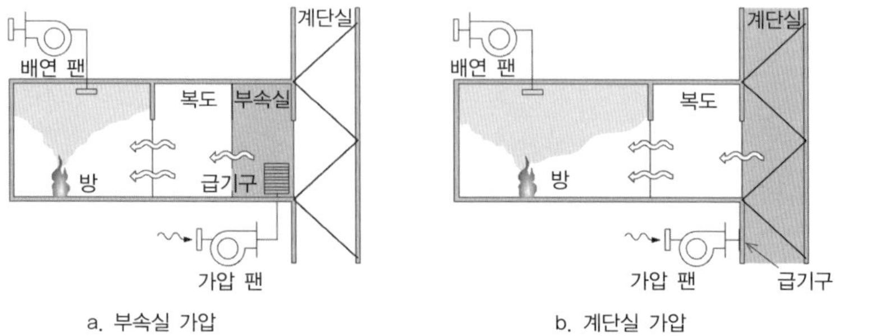

2. 설계방법

가압방연 시스템은 피난안전을 위한 가압방연과 소방활동 지원을 위한 가압방연 2가지 종류가 있다. 요구되는 성능은 다르기 때문에 화재의 강도, 방연하는 위치 등이 달라진다.

화재의 강도의 차이는 피난안전에서는 방·층의 피난시간에 따라 설정한다. 한편, 소방활동 지원에서는 화재통보 후에 소방대가 도착한 시점이 되기 때문에 화재는 성기(盛期)화재 시를 설정한다.

피난안전에서의 화재의 발열속도 Q는 화재성장률 α [kW/s^2]을 이용하여, Q=α t^2 [kW]로 나타내어진다. 피난안전검증법에서는 화재성장률을 방의 용도와 내장의 종류로부터 산출하고 있다. 이 발열속도 Q에서 화재실온도, 연기층 높이를 예측해서 차연조건을 설정한다.

성기화재 시 화재실의 온도상승 ΔTR은 화재실 온도상승계수 β [℃/min$^{1/6}$]를 이용하여, ΔTR = β t$^{1/6}$ [℃]로 나타내어진다. 화재실 온도상승계수는 화재실의 개구부 면적, 가구 등의 적재 가연물량, 내장재 등의 고정가연물량 및 방을 구성하는 건축부재의 종류에 의해 산출할 수 있다.

방연위치의 차이는 피난안전에서는 복도 · 부속실 · 계단실 등의 피난경로에 연기가 침투하지 않도록 하고, 소방활동 지원에서는 비상용 엘리베이터 승강로비 등이 소방활동 거점이 된다.

상기의 피난 및 소방활동에 있어서의 차연조건, 방연위치를 각각 설정하고, 거기에 방연상 필요한 가압 급기풍량을 설계한다. 가압방연 시스템의 설계 플로우를 그림 2.6에서 나타낸다.

그림 2.6 가압방연시스템의 설계 플로우

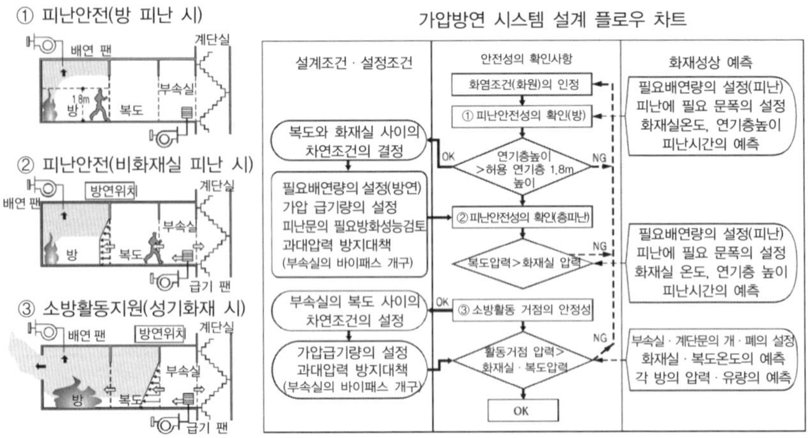

3. 실제의 계획

(1) 건물개요

국립 국제미술관의 건물개요를 표 2.2에 나타낸다.

표 2.2 국립 국제미술관의 건물개요

건물명칭	국립 국제미술관
건물개요	• 장 소 : 오사카(大阪)시 • 용 도 : 미술관 • 총바닥면적 : 14,000㎡ • 층 수 : B3F ~ 1F • 구 조 : RC, SRC
설계자	(주)시저페리 앤드 아소세이트 저펜
기 타	구법 제38조에 의해 장관인정

(2) 계획의 개요

건물의 대부분이 지하에 묻혀 지상부는 글라스로 덮인 엔트런스 홀뿐인 특수한 형태를 이루고 있다. 건물 중앙부에는 지하3층에서 1층까지의 4층이 위가 뚫린 공간을 설치하고 있다. 이 위가 뚫린 공간은 각 전시실로의 도입동선이면서 전시공간으로도 되어 있다. 위가 뚫린 공간 기저부에서 발화하면 연기의 흐름과 피난방향이 일치하게 되어버리며, 위가 뚫린 구조 전체가 연기에 뒤덮일 위험성이 있다.

위가 뚫린 공간 내의 배연설비는 자연배연으로 하고 있고, 위가 뚫린 공간 상부의 1층 엔트런스 홀에 자연배연개구, 하부에 급기구를 설치해 놓았다. 배연구 면적은 약 15㎡, 급기구 면적은 약 6㎡로 되어 있다. 각 층의 피난은 전시실 주변에 안전구획을 설치하여 원활한 피난을 가능하게 함과 동시에, 안전구획은 위가 뚫린 공간에 접해 있기 때문에 연기 침입을 방지하는 것을 목적으로 가압방연 시스템을 설치하고 있다. 다른 전시실은 기계배연으로 하고 있다. 방배연 시스템의 개념을 그림 2.7에 나타낸다.

그림 2.7 방배연 시스템의 개념도

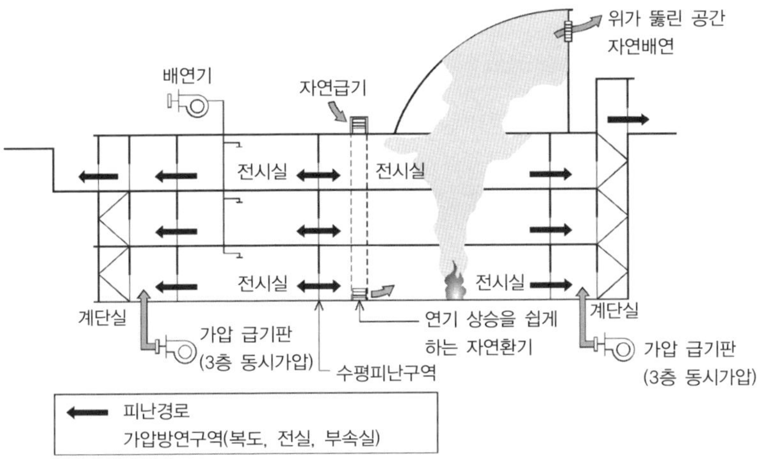

2.4 공조겸용 배연

1. 공조겸용 배연 시스템

공조겸용 배연이란, 공조환기설비의 덕트와 팬을 배연에 겸용하는 방식이다. 채용함에 있어서 본 시스템은 법령에 규정되어 있지 않기 때문에 피난안전검증에 의해 배연설비의 구조의 규정을 적용제외하지 않으면 안 된다.

영 제126호의 3 제1항 제6호에 '배연구는 상시 폐쇄상태를 유지하지 않으면 안된다' 라고 되어 있다. 사양규정의 범위에서 공조환기덕트를 배연덕트와 겸용할 수 없는 이유가 여기에 있다.

공조환기 겸용 시스템은 공조환기 계통과 기계배연 계통의 조닝이 일치하는 주차장이나 사무소 등에서의 채용 예가 많다. 피난안전검증을 적용해서 배연풍량이 저감되면 더욱 효과가 높은 시스템이 된다. 그림 2.8에 공조겸용 배연 시스템의 개념을 나타낸다.

그림 2.8 공조겸용 배연 시스템의 개념도

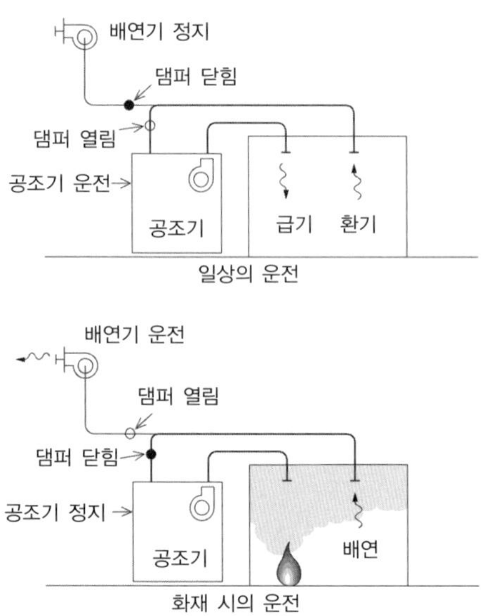

2. 설계방법

공조환기 겸용 시스템의 검증방법은 계산으로 구한 수치로 안전성능을 입증하는 것이 아니라, 시스템의 확실성을 만드는 것이다. 이 시스템을 채용한 경우, 공조환기 운전 시와 배연 운전 시의 댐퍼전환을 한다. 이 댐퍼가 확실하게 작동하기 위해서는 댐퍼의 개수를 적게 하고, 단순한 작동으로 기능하는 시스템을 만들지 않으면 안 된다.

배연 계통의 팬, 덕트, 댐퍼를 배연사양으로 하는 것은 당연한 것이다.

제3장

피난안전과 내화성능의 검증

3.1 피난안전검증의 개요

1. 피난안전검증이란

피난안전성능에는 화재층에 체재하는 전원이 연기에 노출되는 일 없이 계단실로 대피할 때까지를 평가하는 층 피난안전검증과 건물 내에 체재하는 전원이 연기에 노출되는 일 없이 옥외로 대피할 때까지를 평가하는 전관피난안전검증이 있다.

층 피난안전검증법(영 제129조의 2)과 전관피난안전검증법(영 제129의 2의 2)을 적용시키는 것으로, 방화 · 피난 관련규정을 이용하지 않는 설계를 할 수 있다. 적용을 제외시킬 수 있는 항목은 표 3.1을 참조하기 바란다. 검증법의 내용과 설계의 루트는 제1편 1.3절, 검증법의 적용사례는 본편 1장을 참조하기 바란다.

2. 피난안전검증으로 할 수 있는 것

층 피난안전검증 및 전관피난안전검증에 의해 표 3.1의 방화 · 피난 관련 규정을 적용제외시킬 수 있다. 예를 들면, 보행거리의 규정을 적용제외한 경우, 그 건물의 보행거리의 규정은 검증에 의해 안전성이 입증되는 범위에 있어서 설계자 자신이 결정하게 된다.

표 3.1 피난안전검증에 의해 적용제외할 수 있는 항목

항 목	조	항	규정의 개요	층피난	전관피난
방재구획	112	5	11층 이상의 100㎡ 구획	-	○
		9	종혈구획	-	○
		12	이종용도구획	-	○
		13	이종용도구획	-	○
피난시설	119		복도의 폭	○	○
	120		직통계단까지의 보행거리	○	○
	123	1	피난계단의 구조	-	○
		2	옥외피난계단의 구조	-	○
		3	특별피난계단의 구조 제1호 부속실 설치 제11호 부속실 등의 면적	○	○
			제2호 내화구조의 벽	-	○
			제9호 방화설비	○※	○
	124	1	물품판매업을 운영하는 점포에 있어서의 피난계단 등의 폭 제1호 피난계단 등의 폭	-	○
			제2호 계단으로의 출구폭	○	○
옥외로 가는 출구	125	1	옥외로 가는 출구까지의 보행거리	-	○
		3	물품판매업을 운영하는 점포에 있어서의 옥외로의 출구폭	-	○
배연설비	126조의 2		배연설비의 설치	○	○
	126조의 3		배연설비의 구조	○	○
내장제한	129		특수건축물 등의 내장 (제2, 6 ,7항 및 계단에 관련된 규정을 제외한다)	○	○

※옥내에서 발코니 또는 부속실로 통하는 출입구에 관련된 부분에 한한다.

3. 피난안전검증으로 안 되는 것

전술한 방화 · 피난규정에 관련되는 항목 중에, 같이 적용제외할 수 있다고 착각하기 쉬운 부분을 표 3.2에 정리해 본다.

표 3.2 피난안전검증으로 할 수 없는 것

항 목	내 용
면적구획	면적구획은 영 제112조 제1항에 규정되어 1,500㎡ 이하(자동소화설비 설치로 3,000㎡ 이하)로 구획하지 않으면 안 된다. 전관피난안전검증에서는 고층구획, 종혈구획 및 이종용도구획은 제외할 수 있지만, 면적구획은 적용할 수 없기 때문에 1,500㎡ 또는 3,000㎡ 마다의 구획은 확보하지 않으면 안 된다. 면적구획을 확대하는 것은 방화구획검증에 의한다.
중복거리	중복거리는 영 제121조 제3항에 규정된 영 제120조의 보행거리의 수치의 1/2를 넘지 않도록 되어 있다. 이 규정은 피난안전검증으로는 제외할 수 없다. 층 피난안전검증으로 보행거리를 연장한 경우에 있어서도 25m(또는 20m, 15m)의 중복거리는 지키지 않으면 안 된다.
특별피난계단부속실	층 피난안전검증에서는 영 123조 제3항 제1호의 규정이 제외할 수 있다. 이 규정은 부속실의 배연설비의 설치에 관한 것이므로, 부속실의 설치에 대해서는 피난안전검증으로는 제외할 수 없다.
비상용 엘리베이터 승강로비의 배연	비상용 엘리베이터 승강로비의 배연은 영 제129조의 13의 3 제3항 제2호에 규정되어 있기 때문에 피난안전검증으로는 제외할 수 없다. 따라서 승강로비 겸용 부속실의 경우의 배연설비는 사양규정에 준거하지 않으면 안 된다. 사양규정이란, 쇼와 44년[42] 건설성 고시 제1728호, 동 제1833호 및 헤이세이 12년[43] 건설성 고시 제143호(제2종 배연) 중 어느 하나가 된다.
피난계단의 폭원	피난계단의 폭원은 영 제23조, 영 제24조에 규정되어 있기 때문에 피난안전검증으로는 제외할 수 없다. 다만 물판점포의 합계폭원에 대해서는 전관피난안전검증으로 적용제외가 가능하게 된다.
방연구획 면적	층 피난안전검증으로 방연구획 면적은 1500㎡까지 확대할 수 있는 2001년판 피난안전검증법의 해설 및 계산 예와 그 해설에서는 유효배연량을 계산함에 있어, 방연구획 면적은 1,500㎡ 이하로 하고 있다. 다만, 루트C에 있어서 상세한 시뮬레이션을 실행한 경우에 있어서는 꼭 그렇지만은 않다.
배연구까지의 거리	2001년판 피난안전검증법의 해설 및 계산 예와 그 해설에서는 30m를 넘는 위치에 있는 배연개구의 배연은 유효개구부의 배연에는 넣지 않는다고 되어 있다. 루트C에서는 30m를 넘는 것도 가능한 경우도 있다.

42) 쇼와 44년 : 1969년
43) 헤이세이 12년 : 1999년

3.2 피난안전검증의 구조

1. 피난안전검증의 대상범위

피난안전검증은 피난시간과 연기 하강시간의 비교에 의해 안전성을 확인하는 것이므로 개구부로 이어진 모든 범위가 대상이 된다. 개구부가 없는 내화구조의 벽으로 구획되어 상호간에 사람의 왕래가 없는 경우에는 피난안전검증의 범위에서 제외 가능하게 된다.

층 피난안전검증을 적용한 경우에는 그 층의 모든 범위가 검증대상이 된다. 전관피난안전검증을 적용한 경우에는 그 건물의 모든 범위가 검증대상이 된다. 다만, 개구부가 없는 내화구조의 벽으로 구획된 범위는 피난안전검증의 대상에는 포함시키지 않아도 된다.(그림 3.1)

그림 3.1 피난안전검증의 적용범위

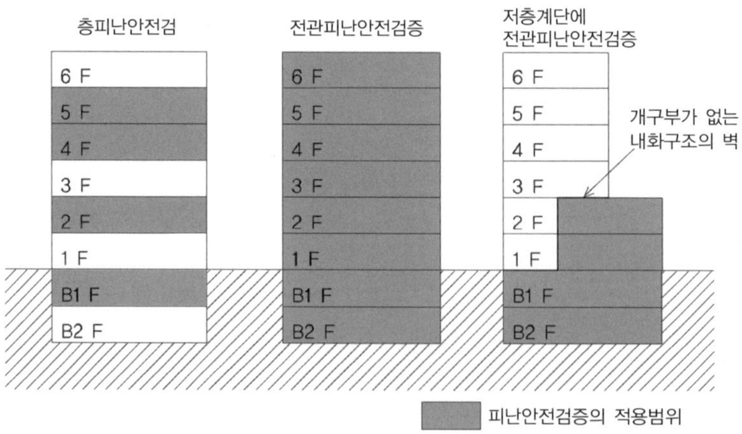

2. 피난안전검증의 구조

피난안전성능은 (1) 방으로부터의 피난안전, (2) 층 전체로부터의 피난안전, (3) 건물 전체로부터의 피난안전과 같은 세 가지 단계로 나눌 수 있다.

각각의 계단에 있어 연기에 노출되는 일 없이 피난이 가능할 경우 피난안전성능이 확보되게 된다. 층 피난안전검증은 층 전체를 검증의 대상으로 보고 이상의 검증을 실시한다.

방으로부터의 피난안전+층으로부터의 피난안전

전관피난안전검증은 건물 전체를 검증의 대상으로 보고 이하의 검증을 시행한다.

방으로부터의 피난안전+층으로부터의 피난안전+전관으로부터의 피난안전

(1) 방 피난

방 피난에서는 화재실이 되는 모든 방에 있어서 재관자의 모두가 화재실에서 피난종료할 때까지 필요한 시간(방의 피난 종류시간 t_e)과 연기가 피난에 지장이 있는 높이까지 강하하는 시간(연기 강하시간 t_s)을 산출하여 $t_e \leqq t_s$가 성립하는 것을 검증한다(그림 3.2).

그림 3.2 방 피난의 개요

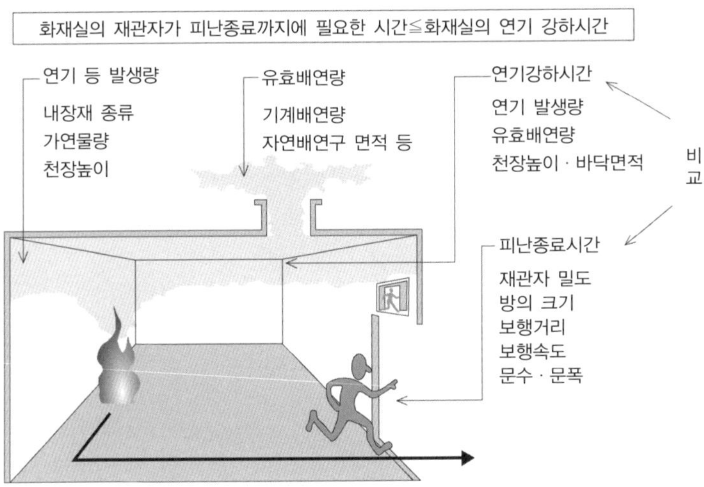

(2) 층 피난

층 피난에서는 화재층에 있는 모든 사람이 안전하게 계단실에 피난할 수 있는 것을 확인한다. 연기는 화재실 출입구의 개구부를 통해서 새어나와 피난경로가 되는 복도 등이 연기 전파경로가 되어 층 전체에 확산될 위험성이 있다.

층 전체의 피난자가 화재층에서 피난종료까지의 시간(층의 피난종료시간 t_e)과 복도 등의 연기가 피난에 지장이 있는 높이까지 강하하는 시간(화재층의 연기 강하시간 t_s)을 산출하여 $t_e \leq t_s$가 성립하는 것을 검증한다(그림 3.3).

그림 3.3 층 피난의 개요

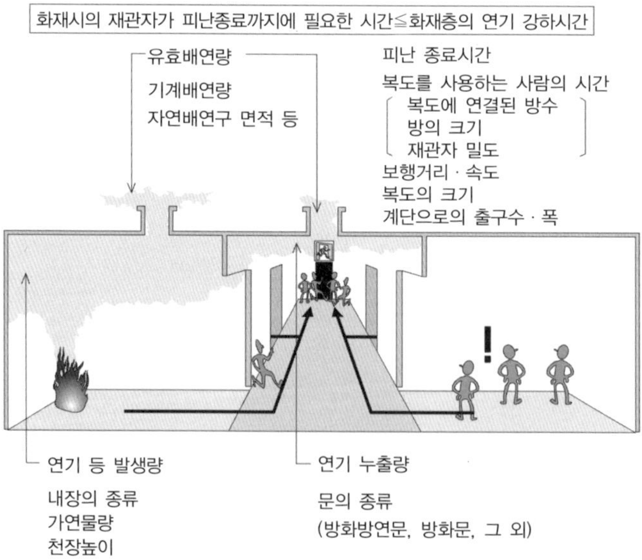

(3) 전관 피난

전관 피난에서는 건물 내에 있는 모든 사람이 옥외까지 피난할 수 있는 것을 확인한다. 화재실에서 새어나온 연기는 복도 등을 통해서 퍼져 계단실 등에 유입되어 전관에 퍼질 위험성이 있다. 건물 전체의 피난자가 건물 내에서 옥외에 이르는 피난종료시간(전관의 피난종료시간 t_e)과 연기가 계단실로 유입되기까지의 시간 또는 연기가 상층에 유입되기까지의(전관의 연기 강하시간 t_s)을 산출하여 $t_e \leqq t_s$가 성립하는 것을 검증한다(그림 3.4).

그림 3.4 전관 피난의 개요

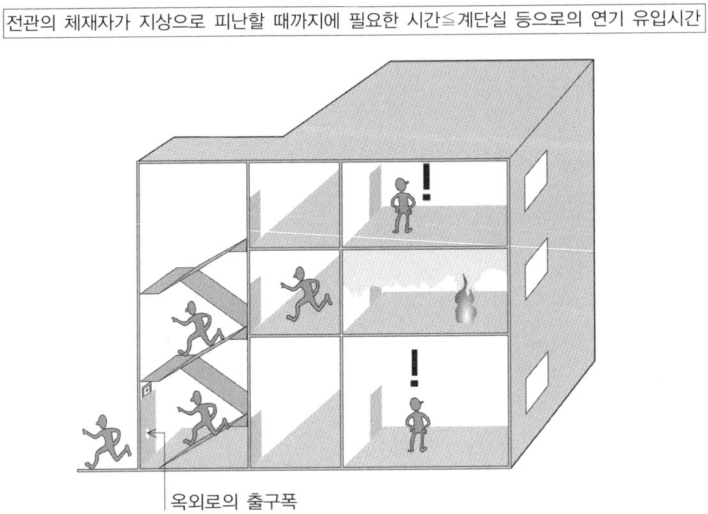

3.3 피난안전검증의 계산방법

1. 계산의 개요와 조건

그림 3.5에 나타내는 것과 같이 집회용도의 시설에서, 방과 복도 모두 배연 설치 없이 방의 내장에 목재 사용이 가능한지 어떤지를 검증한다.

계산방법은 층 피난안전검증에 관한 산출방법(건설성 고시 제1441호)에 의한다.

검증실의 개요는 이하와 같이 같다.

- 용도 : 집회실
- 면적 : 1,000㎡(40m × 25m)
- 천장높이 : 5m
- 내장 : 목재
- 피난인원수 : 1.5명/㎡
- 배연설비 : 없음

피난문, 복도의 위치, 계단의 위치는 그림 3.5를 참조하기 바란다.

그림 3.5 모델 평면도

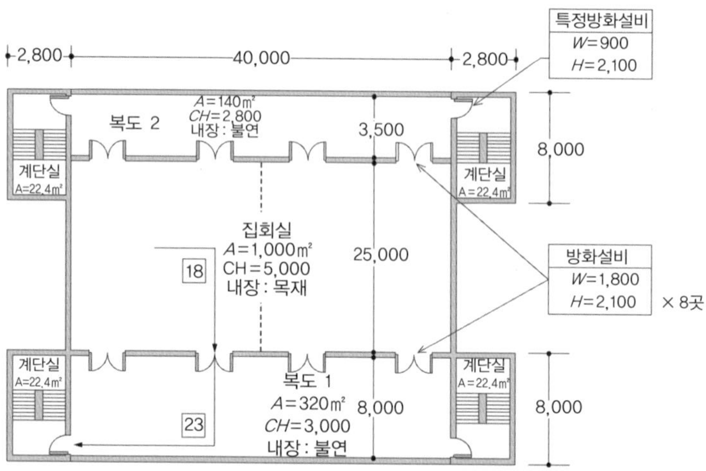

2. 계산결과

(1) 방피난검증

방 피난의 개념을 그림 3.6에 나타낸다.

그림 3.6 방 피난의 개념도

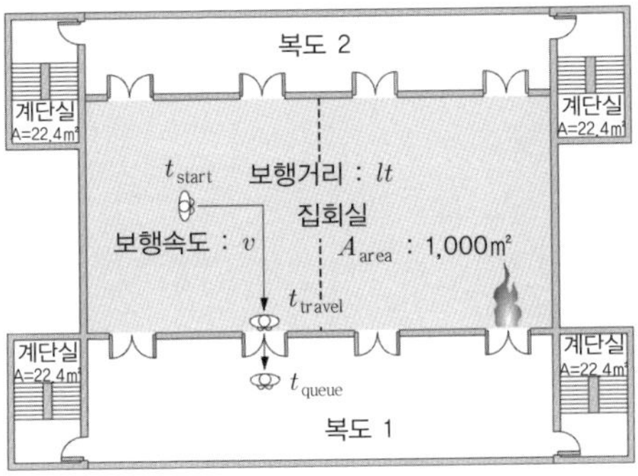

피난개시시간 $t_{start} = \dfrac{\sqrt{1000}}{30} \fallingdotseq 1.05$ [분]

보행시간 $t_{travel} = \dfrac{18}{60} = 0.3$ [분]

유효유동계수 $N_{eff} = 90$

유효출구폭 $B_{eff} = \max(1.8 - 7.2\sqrt{0.0765 + 0.35} \times 1.35 + 1, 0)$

$= \max(-3.55, 0) = 0$ [m]

출구통과시간 $t_{queue} = \dfrac{1.5 \times 1000}{90 \times 1.26} \fallingdotseq 1.323$ [분]

연기 등 발생량 $V_s = 9 \times \{(0.0765 + 0.35) \times 1000\}^{1/3} \times \{5^{5/3} + (5 - 5 + 1.8)^{5/3}\}$

$\fallingdotseq 1170.9[\text{m}^3/\text{분}]$

연기층 강하시간 $t_s = \dfrac{1000(5 - 1.8)}{\max(1170.9 - 0, 0.01)}$

$= \dfrac{1000(5 - 1.8)}{1170.9} \fallingdotseq 2.73$ [분]

방 피난시간 t_e $(1.05 + 0.3 + 1.323) = 2.675$ [분]	$\leqq$	연기층 강하시간 t_s 2.73 [분]	→ OK

(2) 층 피난 검증

층 피난의 개념을 그림 3.7, 피난의 개념을 그림 3.8, 연기확산의 개념을 그림 3.9에 나타낸다.

그림 3.7 층 피난의 개념도

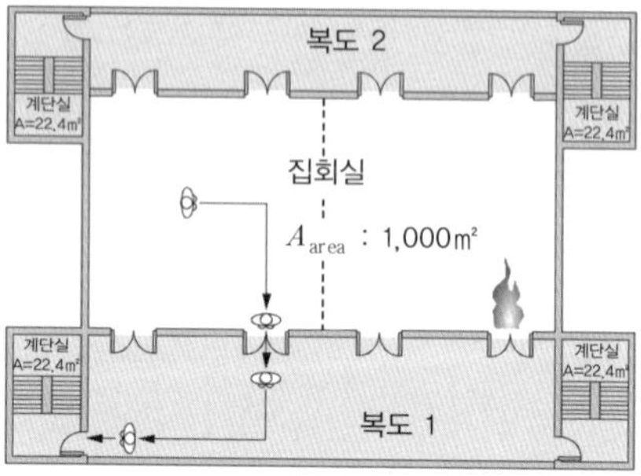

그림 3.8 피난 개념도

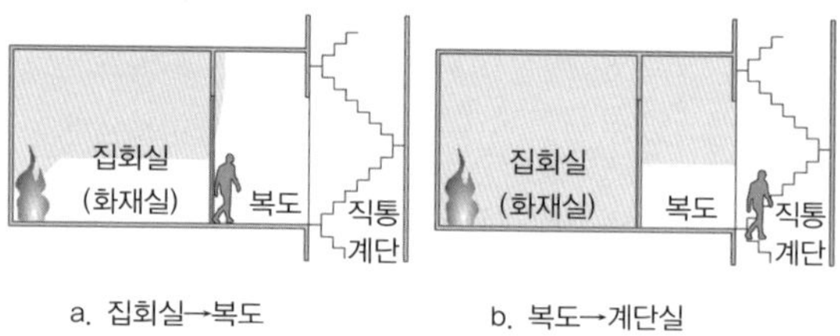

그림 3.9 연기확산의 개념도

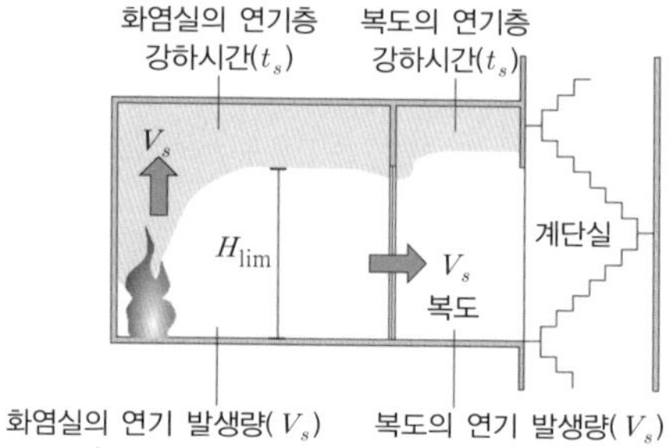

피난개시시간 $t_{start} = \dfrac{\sqrt{1460}}{30} + 3 \fallingdotseq 4.27$ [분]

보행시간 $t_{travel} = \dfrac{41}{60} = 0.683$ [분]

유효유동계수 $N_{eff} = \dfrac{320 \times 0.9 \times 89.6}{0.9 \times 1.5 \times 1000} \fallingdotseq 19.11$

출구통과시간 $t_{queue} = \dfrac{1.5 \times 1000}{19.11 \times 3.6} \fallingdotseq 21.8$ [분]

a. 집회장

연기 등 발생량

$$V_s = 9 \times \{(0.0765 + 0.35) \times 1{,}000\}^{1/3} \times (5^{5/3} + (5 - 5 + 1.05)^{5/3})$$
$$= 1063.94 \ [\text{m}^3/\text{분}]$$

한계연기층 높이 $H_{\lim} = 2.1/2 = 1.05$ [m]

연기층 강하시간

$$t_s = \frac{1000(5 - 1.05)}{\max(1063.94 - 0, 0.01)}$$
$$= \frac{1000(5 - 1.05)}{1063.94} \fallingdotseq 3.71 \ [\text{분}]$$

b. 복도

연기 등 발생량 $V_s = 0.2A_{op} = 0.2 \times 15.12 \fallingdotseq 3.02$ [m³분]

한계연기층 높이 $H_{\lim} = 1.8$ [m]

연기층 강하시간

$$t_s = \frac{140(2.8 - 1.8)}{\max(3.02 - 0, 0.01)}$$
$$= \frac{140(2.8 - 1.8)}{3.02} \fallingdotseq 46.3 \ [\text{분}]$$

총피난시간 t_e		연기층 강하시간 t_s	
$(4.27 + 0.683 + 21.8) = 26.75$ [분]	≦	$(3.71 + 46.3) \fallingdotseq 50$ [분]	→ OK

연기층 강하시간보다 방 피난시간이 적으므로 내장에 목재 사용, 배연없이 가능하게 된다.

3. 사용계산식

(1) 방의 피난시간의 산정

① 피난개시시간 t_{start}

피난개시시간의 개념을 그림 3.10에 나타낸다.

화재가 발생한 뒤 피난자가 화재를 지각하고 피난을 개시할 때까지 필요한 시간은 이하의 식으로 산출된다.

$$t_{start} = \frac{\sqrt{\sum A_{area}}}{30} \ [\text{분}]$$

A_{area} [m²] : 발화실에서 피난자가 통과하는 부분의 면적

그림 3.10 피난개시시간의 개념도

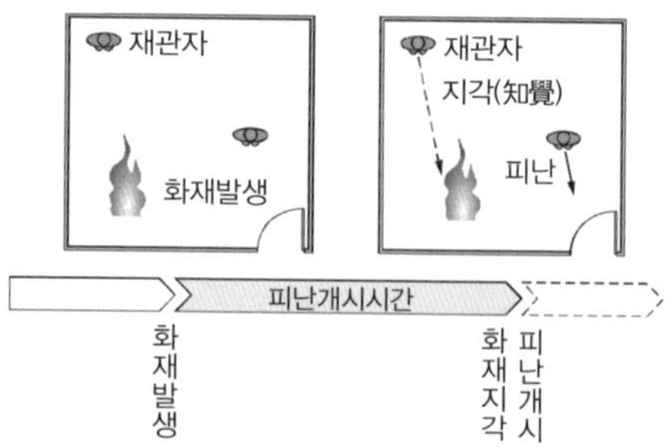

② 보행시간 t_{trave}

보행시간의 개념을 그림 3.11에 나타낸다.

그림 3.11 보행시간의 개념도

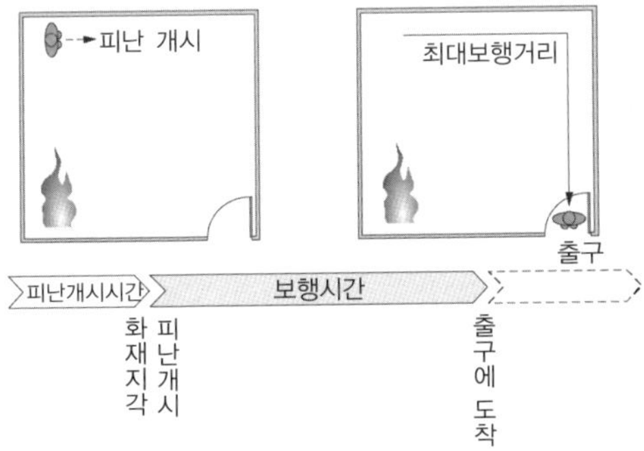

피난자가 방의 각 부분에서 출구의 한 곳 도달할 때까지 필요한 시간은 이상의 식에서 산출한다.

$$t_{\mathrm{travel}} = \max\left(\sum \frac{l_l}{v}\right) \text{ [분]}$$

l_l [m] : 방의 각 부분에서 출구까지의 가장 긴 보행거리

v [m/분] : 보행속도

③ 출구통과시간 t_{queue}

피난자가 방의 출구를 통과하기 위해서 필요한 시간은 이하의 식에서 산출한다.

$$t_{\mathrm{travel}} = \frac{\sum \rho A_{\mathrm{area}}}{\sum N_{\mathrm{eff}} \cdot B_{\mathrm{eff}}} \text{ [분]}$$

ρA_{area} [명] : 재관자 밀도 [명/m²]×방의 면적 [m²]

N_{eff} [명/분 · m²] : 유효유동계수(표 3.3에 의한다)

※ 방의 출구에서 복도 등으로 원활하게 이동할 수 있을 것. 즉, 피난경로 등의 부분이 모든 피난자를 수용할 수 있는지 어떤지에 의해 방의 출구의 통과가 제한된다. 피난경로의 필요 체류면적은 표 3.4를 따른다.

표 3.3 유효유동계수 산정식

피난경로 등의 부분	피난경로 등의 부분의 수용가능 인원수	유효유동계수
직통지상으로 통하는 경우		$N_{eff}=90$
그 밖의 경우	$\sum=\frac{A_{co}}{a_n}\geq\sum\rho A_{load}$의 경우	$N_{eff}=90$
	$\sum=\frac{A_{co}}{a_n}<\sum\rho A_{load}$의 경우	$N_{eff}=\max\left[\frac{80B_{neck}\sum\frac{A_{co}}{a_n}}{B_{room}\sum\rho A_{load}},\ \frac{80B_{neck}}{B_{load}}\right]$

표 3.4 방 경로 등 부분의 필요한 체류면적 α_n

계단실	1인당 0.25㎡
부속실	1인당 0.2㎡
복도, 그 밖에	1인당 0.3㎡

표 3.5 유효출구폭 산정식

$t_{reach}\leqq 0.14\sqrt{\alpha_f+\alpha_m}$의 경우	$B_{eff}=B_{room}$
$t_{reach}>0.14\sqrt{\alpha_f+\alpha_m}$의 경우	$B_{eff}=\max\{B_{room}-7.2\sqrt{\alpha_f+\alpha_m}+t_{reach}+1,\ 0\}$

$t_{reach}=t_{start}+t_{travel}$
B_{room} : 방의 출구폭 [m]
α_f : 적재가연물의 화재성장률
α_m : 내장의 화재성장률

B_{eff} [m] : 유효출구폭 (표 3.5에 의한다)

※ 방 출구 중 폭이 최대이지만 근접한 곳에서 화재가 발생해서 화재의 영향에 의해 피난에 이용할 수 없는 부분을 제외한 폭.

그림 3.12 출구통과시간의 개념도

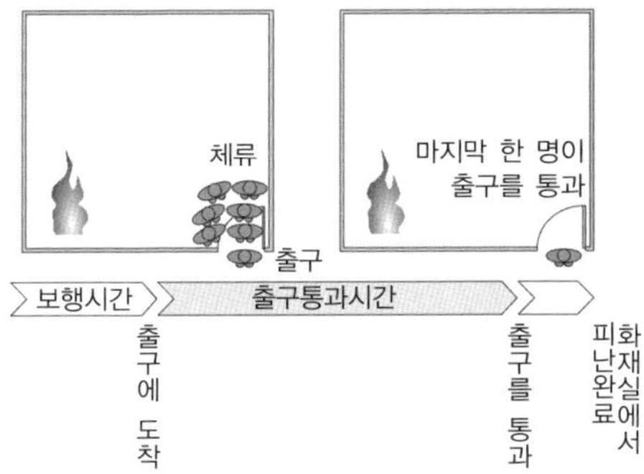

(2) **방 연기층 강하시간의 산정**

① 연기 강하시간 t_s

연기 강하시간은 화재에 의해 발생한 연기가 피난에 있어 지장이 있는 높이까지 강하할 때까지의 시간이다. 그림 3.13에 연기강하에 개요를 나타낸다.

그림 3.13 연기강하의 개념도

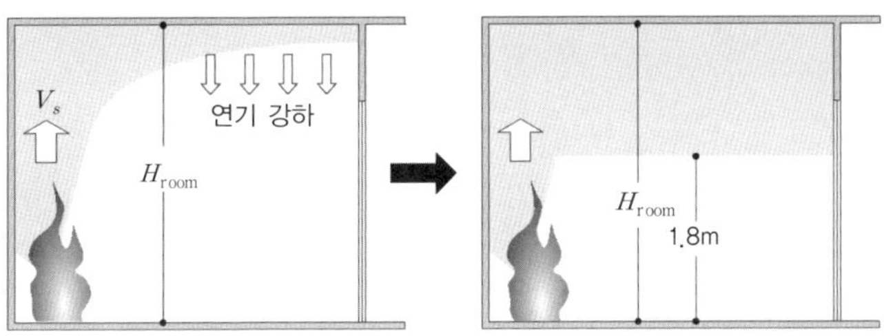

$$t_s = \frac{A_{room}(H_{room} - 1.8)}{\max(V_s - V_e,\ 0.01)} \text{ [분]}$$

A_{room} : 바닥면적 [m²]

H_{room} : 평균천장높이 [m]

V_s　　: 연기 발생량 [m^3/분]

V_e　　: 유효배연량 [m^3/분]

② 연기 등 발생량 V_s

$$V_s = 9 \times \{(\alpha_f + \alpha_m)A_{room}\}^{1/3} \times \left\{(H_{low}{}^{5/3} + (H_{low} - H_{room} + 1.8)^{5/3}\right\} [m^3/분]$$

V_e　　: 유효배연량 [m^3/분]

H_{low}　　: 바닥면의 가장 낮은 위치에서의 평균천장높이 [m]

α_f　　: 적재가연물의 화재성장률

α_m　　: 내장의 화재성장률

③ 유효배연량

(3) 방 피난 안전평가

방에 있어서의 피난 안전평가는 연기가 강화하기 전에 재관자가 피난할 수 있으면 안전하다고 말할 수 있다. 즉, 상기에 요구한 방의 피난시간 및 연기 강하시간을 비교하여 연기 강하시간이 피난시간보다 높으면 좋은 것이다. 아래에 그 산정식을 나타낸다.

$$(t_{start} + t_{travel} + t_{queue}) \leq t_s$$

(4) 층 피난시간의 산정

① 피난개시시간 t_{start}

층에 있어서의 피난개시시간, 방의 피난개시시간의 구상과 마찬가지이다. 단지, 건물의 이용자가 취침상태에 화재가 발생한 경우, 피난행동에 있어서의 대응이 늦어지는 경향이 보이는 것이 기존의 연구에서 밝혀져 있다. 그래서 이러한 피난 특성을 고려하기 위해서, 층에 있어서의 피난개시시간의 산정에서는 피난자의 정보전달의 늦음(취침에

이용되는 용도 : 5분, 그 밖의 용도 : 3분)을 고려한 시간을 가산해서 산정한다(표 3.6).

표 3.6 피난개시시간 산정식

공동주택, 호텔 그 밖의 이들과 유사한 주택 병원, 진료소 및 아동복지시설을 제외)	$t_{star} = \frac{\sqrt{A_{floor}}}{30} + 5$
그 밖의 용도 (병원, 진료소 및 아동복지시설을 제외)	$t_{star} = \frac{\sqrt{A_{floor}}}{30} + 3$

t_{start} : 피난개시시간 [분]
A_{floor} : 당해 층에 있어 객실의 바닥면적의 합계 [㎡]

② 보행시간 t_{travel}

피난자가 방의 각 부분에서 출구의 한 곳에 도달하기까지에 필요한 시간은 이하의 식에서 산출한다.

$$t_{travel} = \max\left(\sum \frac{l_l}{v}\right) \text{ [분]}$$

l_l [m] : 방의 각 부분에서 출구까지의 가장 긴 보행거리

v [m/분] : 보행속도

③ 출구통과시간 t_{queue}

피난자가 직통계단으로의 출구를 통과하기 위해 필요한 시간은 방의 경우와 마찬가지로 산출한다.

$$t_{queue} = \frac{\sum \rho A_{area}}{\sum N_{eff} \cdot B_{st}} \text{ [분]}$$

ρA_{area} [명] : 재관자 밀도 [명/m²] × 방의 면적 [m²]

N_{eff} [명/분 · m] : 유효유동계수(표 3.7에서)

B_{st} [m] : 직통계단으로의 출구폭

표 3.7 유효유동계수 산출식

직통계단으로의 출구	직통계단의 바닥면적	유효유동계수
직통지상으로 통하는 경우		$N_{\mathrm{eff}} = 90$
그 밖의 경우	$A_{\mathrm{st}} \geqq 0.25\sum \rho A_{\mathrm{load}}$의 경우	$N_{\mathrm{eff}} = 90$
	$A_{\mathrm{st}} < 0.25\sum \rho A_{\mathrm{load}}$의 경우	$N_{\mathrm{eff}} = \dfrac{320 B_{\mathrm{neck}} \sum A_{\mathrm{st}}}{B_{\mathrm{st}} \sum \rho A_{\mathrm{load}}}$

(5) 연기 강하시간의 산정

연기 강하시간은 화재실에서 발생한 연기가 당해 층의 직통계단으로의 출구가 있는 방에서 피난에 지장이 있는 높이까지 강하하기 위해 필요한 시간이다.

① 각 방에 있어 연기 강하시간 t_s

$$t_s = \frac{A_{\mathrm{room}}(H_{\mathrm{room}} - H_{\mathrm{lim}})}{\max(V_s - V_e,\ 0.01)} \text{ [분]}$$

A_{room} : 바닥면 [m^2]

H_{room} : 평균천장높이 [m]

V_s : 연기 등 발생량 [m^3/분]

V_e : 유효배연량 [m^3/분]

② 한계연기층 높이 H_{lim}

연기가 인접한 방으로 유출되기 시작하는 연기층을 한계연기층 높이라고 한다(표 3.8에서).

표 3.8 한계연기층 높이 산정식

방의 종류	개구부의 구조	한계연기층 높이[m]
계단으로의 출구 등이 있는 방	–	1.8
그 밖의 경우	상시 폐쇄식 방화설비 혹은 수시 폐쇄할 수 있으면서 연기감지기와 연동하는 자동폐쇄장치를 설치한 방화설비.	당해 방의 바닥면에서 각 개구부의 중심까지의 높이 중 최대의 것.
	그 밖의 구조	당해 방의 바닥면에서 각 개구부의 상단까지의 높이 중 최대의 것.

③ 연기 등 발생량 V_s

$$V_s = 9 \times \{(\alpha_f + \alpha_m)A_{\mathrm{room}}\}^{1/3} \times \left\{ {H_{\mathrm{low}}}^{5/3} + (H_{\mathrm{low}} - H_{\mathrm{room}} + H_{\mathrm{lim}})^{5/3} \right\} \ [\mathrm{m^3/분}]$$

V_e : 유효배연량[m³/분]

H_{low} : 바닥면의 가장 낮은 위치에서의 평균천장높이[m]

H_{lim} : 한계연기층 높이[m]

α_f : 적재가연물의 화재성장률

α_m : 내장의 화재성장률

(6) 층 피난 평가

① 피난안전의 확인

각 등에 있어 피난안전평가는, 방과 마찬가지, 피난시간 및 연기 강하시간을 비교해서, 산정한다.

$$(t_{\mathrm{start}} + t_{\mathrm{travel}} + t_{\mathrm{queue}}) \leq t_s$$

3.4 내화성능검증의 개요

1. 내화성능검증이란

내화성능검증에서는 건물 내의 가연물이 모두 연소될 때까지 건물이 붕괴되지 않는 것을 평가하는 것이다. 건물이 붕괴되지 않기 위해서는 주요구조부(벽, 바닥, 기둥, 보, 지붕, 계단)가 건물 내외에서 일어날 수 있는 화재에 대해서 구조적 내력을 가지는 것이 필요하다.

주요구조부에 가해지는 화열의 정도는 화재의 심함과 길이의 적(積)으로 나타내어진다. 화재의 심함은 화재온도상승계수, 화재의 길이는 화재계속시간이 된다. 내화성능검증이란 발생이 예측되는 화재에 대해 건물이 견딜 수 있는 보유내화시간이 화재계속시간 이상인 것을 증명하는 것으로,

보유내화시간 (내력) ≧ 화재계속시간 (외력)

의 관계가 성립된다는 생각이다.

일반적으로, 건물은 화재 등에 의해 고온이 되면, 그 내력이 약해지기 때문에 부재의 온도상승을 막기 위해서 내화피복 등의 조치가 필요하다. 내화성능검증으로 상기의 관계식이 성립하면 내화피복의 경감 또는 무피복 등이 가능하게 된다. 내화성능검증의 플로우를 그림 3.14에서 나타낸다.

내화성능검증의 범위는 모든 방을 검증의 대상으로 하지 않으면 안 되며, 부분적인 검증을 할 수는 없다.

그림 3.14 내화성능검증의 플로우

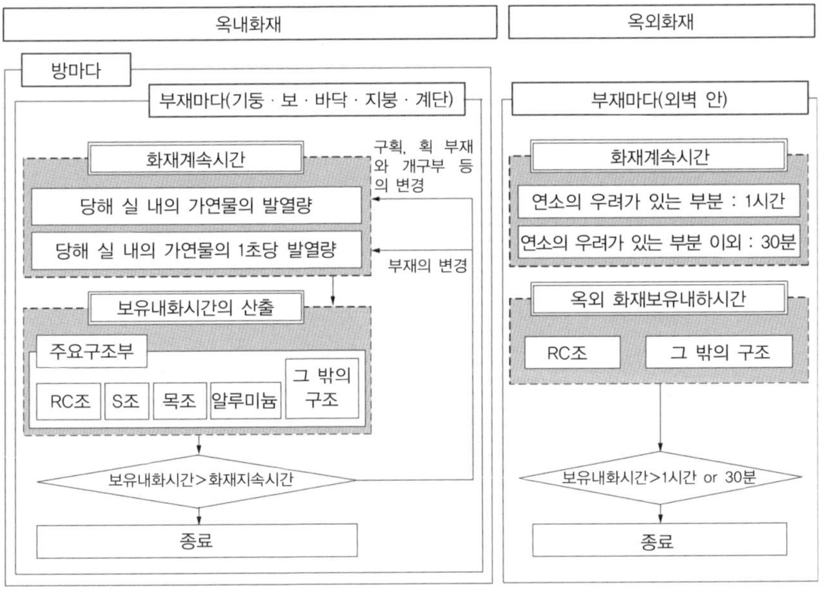

2. 화재계속시간

내화성능검증에 있어 옥내화재는 화재의 진전에 따라 2종류로 나누어 검토한다. 첫 번째는 국소화재로, 화원(火源)의 바로 근방에 있는 부재의 온도상승이 쉬운 정도를 나타내는 부재 근방 화재온도상승계수를 설정하고 있다. 두 번째는 화재실이 일제히 연소되었을 때 화재실에 있는 부재의 온도가 상승하기 쉬운 정도를 나타내는 화재실 온도상승계수를 설정하고 있다. 화재온도상승 계수는 옥내화재의 심한 정도를 나타내는 인자로서, 내화성능검증에 있어 가장 중요한 것이 된다.

화재계속시간이란 실내의 가연물이 모두 연소될 때까지의 시간을 말하며, 화재실 내의 가연물의 총량과 단위시간당 발열량에 의해서 산정된다.

$$\text{화재계속시간} = \frac{\text{화재실내 가연물의 총량}}{\text{화재실내 가연물의 1초당 발열량}}$$

화재실 내의 가연물의 총량이란 고정가연물과 수납가연물의 발열량의 합계로, 이들 가연물의 발열량의 수치는 [MJ/m²]의 단위로, 건설성 고시 제1433호에 규정되어 있다.

화재실 내의 가연물의 발열량은 이하의 산정식으로 나타낸다.

수납가연물의 발열량 / 고정가연물의 발열량 / 수납가연물의 발열량 / 고정가연물의 발열량

$$Q_r = q_l A_r + \sum (q_f A_f d_f) + \sum f_a \{ q_{la} A_{ra} + \sum (q_{fa} A_{fa} d_{fa}) \}$$

당해 실의 가연물의 발열량 / 열 침입계수 / 인접실의 가연물의 발열량

Q_r : 당해 실 내의 가연물의 발열량 [MJ]

q_l : 당해 실 내의 수납가연물의 단위면적당 발열량 [MJ/m²]

A_r : 당해 실 내의 바닥면적 [m²]

q_f : 당해 실 내의 마감재의 단위표면적, 단위두께당 발열량 [MJ/m²·mm]

A_f : 당해 실 내의 마감재 표면적 [m²]

d_f : 당해 실 내의 마감재의 두께 [mm]

f_a : 인접실에서의 열 침입계수

q_{la}, A_{ra}, q_{fa}, A_{fa}, d_{fa}은 인접실에 관한 상기의 값

가연물의 발열량은 고정가연물과 수납가연물의 발열량 및 인접실에서의 침입열의 합계이다. 인접실에서의 열침입이란 화재실에서 인접실에 연소된 경우 인접실의 화재의 열의 영향을 받으므로, 그 발열량을 부가한 것이다. 내화성능검증의 이미지를 그림 3.15에 나타낸다.

가연물의 1초당 발열량은 물건이 연소되기 쉬운 정도와 연소되기 위한 탄소의 양에 의해 결정되어, 그 요건은 가연물 표면적과 유효개구인자에 관

련되게 된다. 유효개구인자는 개구면적 $\sqrt{\text{개구높이}}$ 로 나타내어진다. 개구면적(창문 등)이 작은 방의 경우는 연소를 위한 산소 공급량이 적기 때문에 화재계속시간이 길어지는 경향이 있을 뿐만 아니라, 연소에 의해 발생한 열이 갇히게 된다. 개구면적이 큰 방에서는 산소의 공급량이 많으므로 화재계속시간이 짧고 열을 방출한다.

내화성능검증에 있어 화재실이란 건물 내의 모든 공간을 말하는 것으로, 피난안전검증과 같은 화재발생의 우려가 없는 방의 구상은 없으며, 모든 방이 대상으로 되어 있다.

그림 3.15 내화성능검증의 이미지

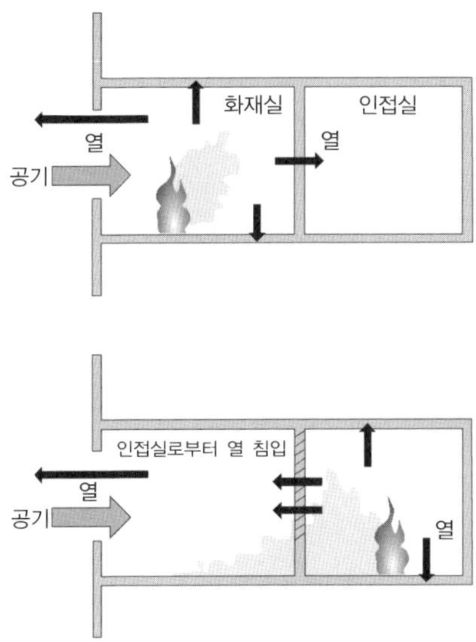

3. 보유내화시간

화재의 열은 주요구조부에 침입해서 부재의 온도가 상승하게 되는데, 주요구조부재에는 한계부재온도가 있다. 건축기준법에서는, 주요구조부에는 비손상성, 차열성 및 차염성과 같은 3가지 성능을 요구하고 있다. 주요구조부는, 화재가 종료되어 화재실 온도와 부재온도가 상온으로 돌아올 때까지, 필요한 성능이 유지되지 않으면 안 된다. 화재 시에 필요한 성능이란, 연직하중을 받치는 기둥 · 보 · 내력벽 등에는 비손상성, 구획부재가 되는 바닥 · 벽 등에는 차열성, 외벽 등에는 차염성 등으로 되어 있다.

보유내화시간은, 부재온도상승계수와 한계부재온도로부터 산정된다.

찾아보기

■ 집필자

中島秀男 [株式會社 明野設備研究所]
土屋伸一 [株式會社 明野設備研究所]
太田 充 [株式會社 明野設備研究所]
吉田俊之 [株式會社 明野設備研究所]
岸本文一 [株式會社 明野設備研究所]
嶋田 拓 [株式會社 明野設備研究所]
吉田祐樹 [株式會社 明野設備研究所]
社 彬 [株式會社 明野設備研究所]
高橋麻美 [株式會社 明野設備研究所]
矢崎有美子 [株式會社 明野設備研究所]
淡野綾子 [神戸大學大學院]
北堀 純 [東京理科大學大學院]
三上喜隆 [慶応大學大學院]

■ 역 자

정영배 (한국국제대학교＋CnK연구소)
일본 동경대학 박사
삼성건설기술연구소 선임연구원 역임
사단법인 대한건축학회 정회원
사단법인 한국강구조학회 정회원
사단법인 한국풍공학회 정회원
사단법인 한국건축구조기술사회 특별회원
사단법인 한국건축가협회 정회원

건축방재계획

–건축구조물 방재계획의 사고와 결정방법

2010년 7월 5일 1판 1쇄 인쇄
2010년 7월 10일 1판 1쇄 발행

편 저 방재연구회 AFRI
역 자 정 영 배
발 행 인 강 해 작
발 행 처 기 문 당
주 소 서울시 성동구 공명길 39 (왕십리2동 966–22)
전 화 02)2295–6171(代)~5
팩 스 02)2296–8188
출판등록 1976. 10. 7(1976–2)
홈페이지 http://기문당
http://www.kimoondang.com
I S B N 978–89–6225–269–9 93540

정 가 15,000원